JN287615

知識ゼロからの
微分積分入門

小林道正 中央大学教授
Michimasa Kobayashi

Differential calculus
Integral calculus

幻冬舎

まえがき

「円周率の値は？」という問いには「3.14」あるいは「π」と正しく答えられるが、「それにはどういう意味があるか？」という問いには答えられない大人が多い。

では、「x^2を微分すると？」という問いに「$2x$」と正しく答えられた大人に対して、「それにはどういう意味があり、現実のどんな場面で使えるのか？」という問いを投げかけたらどうなるか。この場合も、正しい答えが返ってくることの方が少ないだろう。

こうなったのは本人たちの責任ではなく、これまでの教育が悪いからだ。しかし、一人前の大人なら、その不利な状況を自分の力で改善していかなければならないし、改善していけるはずである。そして、そのためには良い参考書を選ばなければならない。

本書は、「微分積分の計算の意味がわかり、実社会で活用できるようになること」を目指して作られている。面倒なことはコンピュータがやってくれるすばらしい時代である。コンピュータができることは人の「学び」の周縁へ移動し、「意味がわかっていて使える知識」の重要性が高まるものと認識しなければならない。コンピュータは計算機が発展したものであるから、とりわけ微分積分を含む数学という領域において、この認識の妥当性は高いといえるだろう。

「意味がわかっていて使える知識」は「知性」と同義であり、「新たな知性の獲得」は「人生の新たな地平を切り開くこと」と同義である。本書がその一助となれば幸いである。

小林道正

まえがき……………………………………………………………………1

序章 3分でつかむ微積のイメージ……………………8

第1章 微積理解の準備
方程式・関数の基礎を押さえる
―使える数学事始め!― 15

足し算・引き算	原価率・利益率は、足し算してはいけない……………16
掛け算・割り算	「全体の量」は掛け算、「単位あたりの量」は割り算で求める……………………………………………………………17
3種類の平均	ビジネスシーンの平均は、「足して割る」だけではない………18
確率の扱い方	「○○となる確率」から、商品の最適仕入れ数量を求める……20
指数・対数	「年利3%」でも、借金を放置すると恐ろしいことに…………22
xの使い方	未知の数量(未知数)や変わり得る数量(変数)はxで表す……24
方程式とは?	方程式を作り、解くことで、未知数xが決まる……………26
1次方程式	目標利益を得るのに必要な、1商品の販売数量を求める………28
連立方程式	目標利益を得るのに必要な、2商品の販売数量を求める………30
2次方程式	売上を現状維持できる値下額を求める……………………32
関数とは?	「変数xに具体的な数を入れると変数yの具体的な数が出てくる仕組み」が関数………………………………………………34
関数の視覚化	「xとyの『組』を表す点をたくさん打つと見えてくる線」がグラフ……………………………………………………………36

グラフの利用	適正価格と初期ロット数は2つのグラフでわかる……………38
1次関数	「変動費＋固定費」は $y=ax+b$ で表せる………………………40
2次関数	商品の最適価格は、$y=ax^2+bx+c$ の頂点………………42

《COLUMN》世界は関数でできている………………………………………44

第2章 微分入門
物事の変化のようすを見て、「最大」「最小」となるポイントを求める
―スープの濃度はどう決める？―　　　　　　　　47

分離量と連続量	微積で扱いやすいのは「アナログ」な量…………………48
微分とは？	「ちょっとだけ」変えたときの売上の変化は微分でわかる……50
微分係数＝0の意味	販売個数を最大にするポイントを求める………………56
和の微分	複数商品の販売個数の合計を最大にするポイントを求める………60
積の微分	売上額（販売個数×単価）を最大にするポイントを求める…………64
差の微分	利益（売上－材料費）を最大にするポイントを求める……………68

| 商の微分 | 利益率（利益÷売上）を最大にするポイントを求める…………72
| 偏微分 | 商品を構成する要素のベストマッチを求める………………………76

《COLUMN》数学的には、宝くじはこう買うのが正しい……………82

第3章 積分入門
物事の変化のようすを見て、「どの程度？」を求める
―効率の良い勤務シフトとは？―　　　85

| 「面積」の見方 | 縦軸が「経費」を表すなら、グラフが作る面積は「経費の蓄積」と意味づけされる……………………………………………86
| 積分とは？ | 「経費の蓄積」は積分でわかる……………………………88
| データ→関数 | 「デジタル」な過去の実績データを「アナログ」な量に変換し、積分に備える………………………………………94
| 積分の計算 | 仕事の量を予測し、最適な体制を求める……………100
| 和の積分 | 複数の仕事の量を予測し、最適な体制を求める………106

《COLUMN》積分でわかる πr^2 の秘密………………………………112

知識ゼロからの微分積分入門　目次

第4章 微分応用
売上を最大に、費用を最小に
―― 機械の儲かる使い方とは？ ――　　　　　　　　　　　115

- 売上を表す関数　生産手段X、Yで作る製品の総売上を関数で表す…………116
- コストを表す関数　生産手段X、Yの稼働総コストを関数で表す……………118
- 微分の利用　売上・費用を表す関数から、利益が最大になる条件がわかる…120
- コンピュータの利用　利益が最大になる条件を表す方程式を、実際に解く…130
- 関数のカスタマイズ①　生産手段の性能が変わったら、パラメータの値を調整する
　　………………………………………………………………………………134
- 関数のカスタマイズ②　生産手段が増えたら変数を追加した関数を作る……136

《COLUMN》自然なハンドルワークを可能にする「クロソイド曲線」とは？……142

第5章 微積応用
物事の推移を予測し、マーケット分析に生かす
――人口はどう変わる？――　　　　　　　　　　　145

- <u>微分と積分の関係</u>　計算の出発点は「微分して積分するともとに戻る」という関係‥‥‥‥‥‥‥‥‥‥‥‥‥‥‥‥‥‥‥‥‥‥‥‥‥146
- <u>微分方程式①</u>　物事の増加・減少のようすを方程式で表す‥‥‥‥‥‥‥148
- <u>コンピュータの利用①</u>　物事の増加・減少のようすを表す方程式を、実際に解く‥‥‥‥‥‥‥‥‥‥‥‥‥‥‥‥‥‥‥‥‥‥‥‥‥152
- <u>微分方程式②</u>　複数の物事の増加・減少のようすを方程式で表す‥‥‥‥158
- <u>コンピュータの利用②</u>　複数の物事の増加・減少のようすを表す方程式を、実際に解く‥‥‥‥‥‥‥‥‥‥‥‥‥‥‥‥‥‥‥‥‥‥162
- <u>方程式のカスタマイズ</u>　イベントの予定を方程式に反映し、正確なマーケット分析につなげる‥‥‥‥‥‥‥‥‥‥‥‥‥‥‥‥‥‥‥‥‥‥168

《COLUMN》明日の株価は微積で読める!?‥‥‥‥‥‥‥‥‥‥‥‥‥‥‥170

知識ゼロからの微分積分入門　目次

付　録 …………………………………………………………173

微積活用の必須ツール Microsoft Excel ミニ操作ガイド……………174
さくいん……………………………………………………………………188

序章

3分でつかむ微積のイメージ

1 微積は小学生の算数と同じくらい実用的なものである

　微分積分を「非実用的なもの」と思っている人は多いのではないだろうか。高校の微分積分の授業では、数式をいじくり回して答えを出す方法が教えられるばかりで、そもそも何のために微分積分が生まれたのか、どんなことに役立つのか、ということはあまり話題にならない。微分積分の課題として、グラフ上の面積を求める問題がよく出るが、その解答作業が私たちの日々にとって、あるいは社会にとってどんな意味があるのかを教えてくれる教師は少ない。

文化祭にて

♪グラフ上の面積求めて♪

♪いったい何の意味があるというのか～♪

オレもあのころは青かった……

3分でつかむ微積のイメージ

　しかし、そもそも微分積分は実用的な目的のために生まれてきた計算技法である。それは、四則計算（足し算・引き算・掛け算・割り算）などのごく単純な計算と同じだ。四則計算と微分積分の違いは「実用的／非実用的」ではない。その違いは――かなり乱暴であることを承知でいうが――「複雑さ」にしかない。そしてその複雑さは、私たちが生きる世界の複雑さに対応する目的で生じたものなのであって、けっして、大学が入学者を選抜するために生じたものではないのだ。

　となれば、微分積分を体得したいと思っているあなたが最初に取り組むべきことは、自ずと決まってくる。微分積分を適用するのにふさわしい課題とはどのようなものか、そのイメージを獲得することだ。たとえば、子どもに引き算を体得させようとする大人が実物や手の指を使って、「りんごが8つありました。そのうち3つを食べました。残りは5つだね」などと説明するのはありふれた光景である。微分積分について学ぼうとするあなたにも、まずはそれと同じ趣旨の説明に触れてもらいたいのだ。

現実の課題との関係づけが不適切なら、最も基礎的な算数も奇妙な結論を導く。

2　微積を使えば「物事の変化のようす」がわかる

　では、どういった現実の課題が微分積分で解決するのにふさわしいのか。そのイメージを、詳しい理屈を抜きにして得るために、まずは微分積分の原始的な活用例を見ていこう。

● 微分は戦争で勝つために使われた

　微分とは、物事の変化を、極限まで狭めた範囲（＝点）において見ることである。たとえば、下のような1日の気温の変化を考えてみよう。早朝に最低気温を記録した後、気温はどんどん上がり、昼過ぎには最高気温に達する。その後、気温は徐々に下がっていく。これをグラフにすれば、ある時間帯の気温の上昇・下降が急激なのか緩やかなのかということくらいは、視覚的につかむことができるだろう。これに対して微分は、「ある時間帯」ではなく「ある瞬間」（たとえば「午前10時10分10.005秒」とか）における変化を調べる道具である。ある瞬間、気温がどれだけの勢いで上昇・下降しているのかということを調べるのだ。

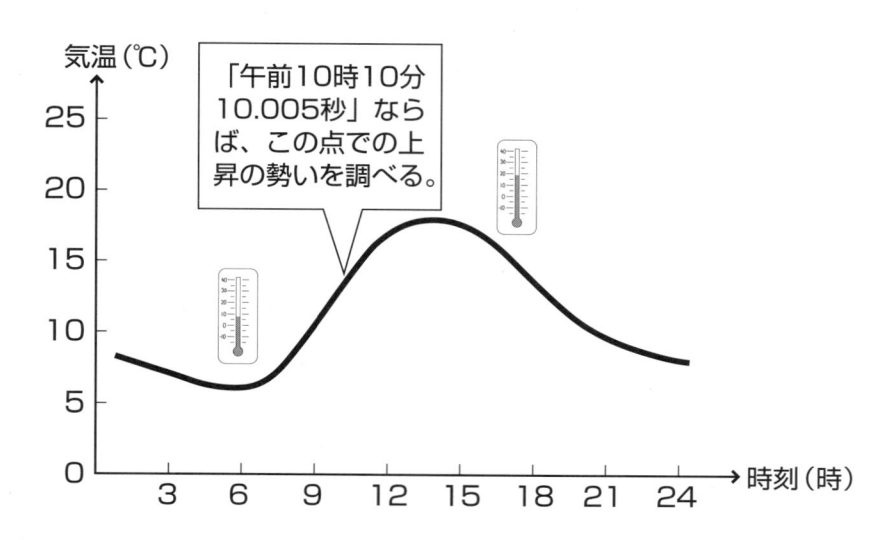

3分でつかむ微積のイメージ

　もう1つ例示しよう。微分は大砲の弾道を研究する必要から生まれたといわれている。たとえば、目標と初速（飛び出しの瞬間における速度）を定めておいて、無風時に、推進力を持たない弾を飛ばす場合のことを考えてみる。このとき、空気抵抗を考えに入れないとすれば、問題となるのは弾丸の飛び出し角度だけだ。発射の瞬間はほんの一瞬だが、そのときの角度を正確に算出するのには、微分こそが適しているのである。

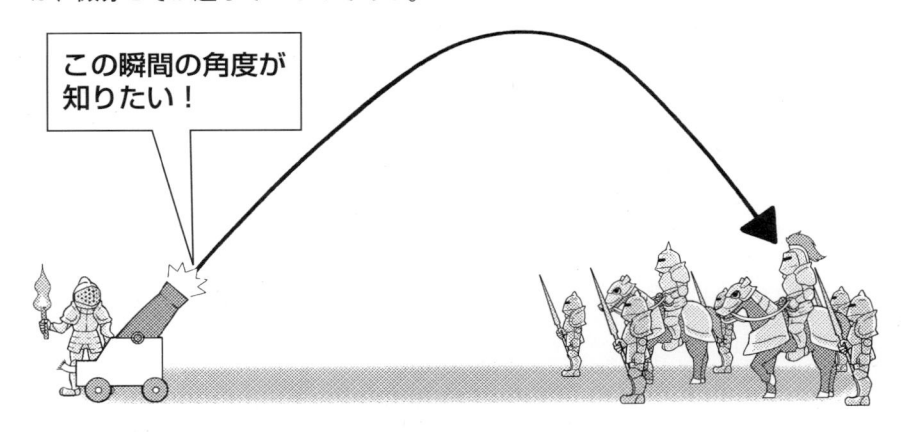

この瞬間の角度が知りたい！

● 積分は土地を公平に分けるために生まれた

　積分とは、細かく区切ったものを足し合わせることである。たとえば、ある複雑な形をした土地の面積を求めたいとする。複雑な形の面積を一発で求める公式は存在しないので、その土地を、面積がわかる図形に分割することを考えてみる。簡単な例として三角形で分割してみよう。まず、土地全体にちょうど収まるような大きな三角形を描く。土地の余った部分に同じように三角形を描いていく。そうしてどんどん三角形の数を増やしていき、その土地全体を埋め尽くすようにする。そし

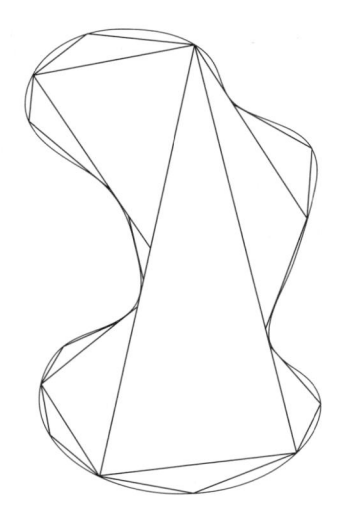

序章

　て、それぞれの三角形の面積を足すことで土地全体の面積を出すのだ。どんなに三角形の数を増やしても土地にぴったり一致することはないのであくまでも近似ではあるが、高い精度で面積を求めることができる。

　積分の起源は古代エジプトにさかのぼるとされている。毎年7月になると、大雨のためナイル川はよく氾濫した。そのおかげで大地が肥沃になり作物がよく育ったのだが、氾濫の後は川筋が変わり、土地の形が変わってしまう。複雑な形の土地の面積を何度も測り直してその都度公平に分ける必要性から、積分の考え方が生まれたというわけだ。

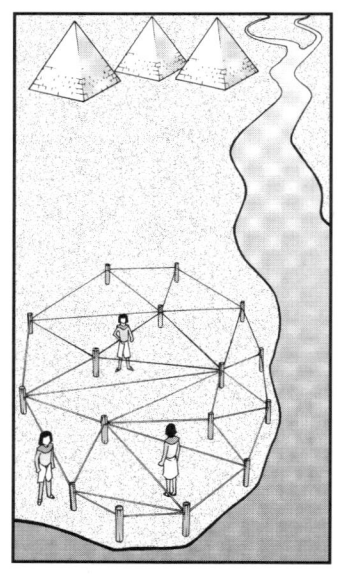

　また、積分で求められるのは、地理的・物理的な面積だけではない。詳しくは第3章で説明するが、物事の変化を表すグラフが作る面積を求めることによって、「変化の蓄積」を客観的な数値として表すことができるのだ。

3　微積を使えば「物事の変化を予測する」こともできる

　ここまでで、微分積分を使って過去の実績としての物事の移り変わりを知ることもできるし、現にある形の複雑なものの詳しい成り立ちを知ることもできるということがわかっただろう。では、微分積分を使って未来を予測することは可能か。答えはYesである。

　微分によって過去から現在にわたる物事の瞬間的な変化をとらえることができ、積分によって現在までの変化の蓄積量を求めることができる。そして、微分と積分という2つの道具を組み合わせることによって未来を予測することも可能となるのだ。

3分でつかむ微積のイメージ

　詳しくは第5章で説明するが、微分積分による未来予測の仕組みは次のとおりである。

1　微分により、ある瞬間Aにおける物事の変化をとらえる。
2　Aまでの蓄積を前提に、積分により、次の瞬間Bにおける蓄積を求める。
3　Bに対して1を行う。
4　Bに対して2を行う。
5　1～4を繰り返すことにより、その次の瞬間C、そのまた次の瞬間D…というように、どんどん未来へつないでいく。

　この計算においては、「微分」の名を冠した方程式「微分方程式」が活躍する。この世の現象はすべて微分方程式によって記述され得るといっても過言ではない。台風の進路予測、ロケットの軌道計算など、微分方程式が使われる場面はいくらでもある。
　ビジネスにおいても未来予測が重要なのはいうまでもない。勘と経験も大切だが、数字に基づいた説得力のある予測ができる微分積分を有効な武器として活用しない手はないだろう。

えーっと最適な初期ロット数は……？

序章　3分でつかむ微積のイメージ

4　人は簡単な計算ができればいい ── 複雑な計算はパソコンで

　微分積分が実用上の必要性から生まれ、現代においても有用であることはわかったが、いざ実際の計算となると、どうやっていいかわからない、公式をたくさん覚えるのが面倒だ、という人が大半だろう。しかし、心配は無用だ。

　なぜなら、複雑な計算はパソコンが全部やってくれるからだ。人は簡単な計算と少数の公式を知っていれば十分で、面倒なことはパソコンにやらせてしまえばよい。実際、Excelなどの表計算ソフトを使えば、微分方程式を解いて、結果をグラフにして見ることもできる。

　高校の数学における「微分積分でできること」とは、グラフの接線の傾きを求めることであり、面積を求めることであった。しかし、そこで終わってしまってはもったいない。

　微分積分を具体的な現象に当てはめてみると、接線の傾きや面積に、生活やビジネスを改善するためのヒントが投影される。計算テクニックではなく、微分積分のそのような実用上の可能性にこそ意識を向け、本書を読み進めていってほしい。

第1章 微積理解の準備

方程式・関数の基礎を押さえる

―― 使える数学事始め！――

○**本章のねらい**
　微積理解の前提を、そのビジネスシーンでの活用イメージとともに獲得する。

足し算・引き算

原価率・利益率は、足し算してはいけない

> 数字を扱うときは、単位に注意し、意味を考えながら計算しよう！

　1、2、3、…という数字は、ただの記号である。学校では機械的に、25＋36＝61や4×12＝48などとやっているが、ビジネスの世界では、一つひとつの数字が意味を持っている。

　ただの記号に意味を持たせるのが**単位**である。上の式でいうと、「25冊＋36冊＝61冊」と書けば、「ある雑誌が、昨日は25冊、今日は36冊売れた。2日間の合計は61冊である」という意味を持たせることができる。

単位の役割

$$\boxed{数字} + \boxed{単位} = \boxed{意味のある量}$$

　3冊の本と10個の卵があるときに、3＋10＝13という計算をしても意味がないことからわかるように、足し算するときは（引き算するときも）、同じ単位どうしでないといけない。しかし、単位が同じなら何でもOKというわけではなく、たとえばパーセントという単位の取り扱いには少々注意が必要である。原価率25％の商品Aと原価率40％の商品Bがあるとしよう。この2つの商品を合わせた原価率は何％になるだろうか？

	売上高	仕入原価	原価率
A	1000	250	25％
B	2000	800	40％
A＋B	3000	1050	?

> 25％＋40％＝65％はマチガイ
> $$\frac{250+800}{1000+2000} = \frac{1050}{3000} = 0.35$$
> より、35％が正解だ！

掛け算・割り算

「全体の量」は掛け算、「単位あたりの量」は割り算で求める

第1章 微積理解の準備

> 掛け算と割り算を使えば、「全体の量」と「単位あたりの量」の間を自由に行き来できる。

　時給は「1時間あたりの給料」だ。このような「ある単位1つ分に対する量」を**単位あたりの量**という。時給1000円で8時間働けば8000円。8時間働いて8000円の給料なら時給は1000円。前者は掛け算、後者は割り算だ。

単位あたりの量の計算

単位あたりの量×単位数＝全体の量（掛け算）

全体の量÷単位数＝単位あたりの量（割り算）

　話は戻るが、原価率は「売上高を100としたときの仕入原価」である。売上高100を単位とする単位あたりの量といってもよい。

（漫画）
・売上が伸びれば何でもいいとでも思っているのか!?
・バカ者
・数はさばけても利益率度外視ならボランティアと同じだ!! わかっているのか!!
・割り算が重要ということか……

3種類の平均
ビジネスシーンの平均は、「足して割る」だけではない

> 場面に合わせて、3種類の平均「相加平均」「相乗平均」「調和平均」を使い分けよう！

　カップラーメンの新商品発売に向け、消費者に対して価格調査を行ったところ、高いと感じる値段の平均が300円、安いと感じる値段の平均が100円となった。この結果をもとに、発売価格を決めたいのだが、どのように価格設定すればいいだろうか？

「300円と100円の間をとって200円」とするのも1つの考え方である。この「間をとる」というのは「平均をとる」ということである。「平均」といわれて思い浮かぶのは「足して割る」という計算だろう。しかし、足して割るだけが平均ではない。足して割る平均を**相加平均**といい、他にも**相乗平均**や**調和平均**などがある。

○と△の平均

① 相加平均 $= \dfrac{○+△}{2}$ （足して2で割る）

② 相乗平均 $= \sqrt{○×△}$ （掛けてルート）

③ 調和平均 $= \dfrac{2}{\dfrac{1}{○}+\dfrac{1}{△}} = 2×\dfrac{○×△}{○+△}$ （逆数の相加平均の逆数）

　3種類の平均を使って、カップラーメンの値段を計算してみよう。

① 相加平均 $= \dfrac{300+100}{2} = \dfrac{400}{2} = 200$（円）

② 相乗平均 $= \sqrt{300×100} = \sqrt{30000} ≒ 173$（円）

③ 調和平均 $= \dfrac{2×300×100}{300+100} = \dfrac{60000}{400} = 150$（円）

3種類の平均

実際、消費者が「買ってもいい」と思う値段は、相乗平均に近くなるといわれている。他の応用例としては、売り手と買い手の希望価格に差があるときに落ち着きどころを探るという場面が考えられる。

[コマ1: オフィスで「あの……部長……」「こう見えて子どものころは"そろばん王子"と呼ばれたもんだ」「え……と、モニター回答値の相乗平均は……」]

[コマ2: 「まかせておけ！」「ルートの計算ですからそろばんではキビシイかと……」「そうなの？」]

場面によって、平均を使い分けよう！

① テストの平均点は相加平均

1回目90点、2回目80点なら、$\dfrac{90+80}{2} = \dfrac{170}{2} = 85$(点)

② 平均成長率は相乗平均

2009年度の売上が前年度比で20％アップ、2010年度の売上が前年度比で70％アップだったら、2年間の平均成長率は、

$\sqrt{1.2 \times 1.7} = \sqrt{2.04} ≒ 1.43$より、約43％（45％ではない！）

③ 平均速度は調和平均

行きは時速40km、帰りは時速80kmで往復したときの平均速度は、

$\dfrac{2 \times 40 \times 80}{40+80} = \dfrac{6400}{120} ≒ 53.3$より、時速約53km（時速60kmではない！）

+α 3種類の平均の関係

常に、（相加平均）≧（相乗平均）≧（調和平均）になっている。つまり、相乗平均は「平均の中の平均」なのである。

確率の扱い方
「○○となる確率」から、商品の最適仕入れ数量を求める

常に確率を考え、期待値を計算することで、損得を意識しよう!

日常生活において確率というときには、天気予報に代表されるように「あることが起こる確率は○％」と使われることが多い。数学的には、確率を0以上1以下の数値で表す。たとえば、さいころを1回ふったときに6の目が出る確率は1/6、偶数の目が出る確率は3/6という具合だ。確率0は起こり得ないこと、確率1は必ず起こることを表している。

ビジネスにおいて確率の話になったときに重要になるのが**期待値**という量である。賞金付きのくじを例に説明しよう。

1000本のくじがあり、1本が10万円当たり、10本が1万円当たり、残り989本ははずれとする。このくじを1本買ったときの賞金額とそれが起こる確率をまとめたものが次の表1−1である。

表1−1 くじの賞金額と確率

賞金額	10万円	1万円	0円
確率	$\dfrac{1}{1000}$	$\dfrac{10}{1000}$	$\dfrac{989}{1000}$

確率を全部足すと1になっているぞ!

この賞金額と確率を掛けて全部足したものが期待値である。つまり、

$$期待値 = 10万円 \times \frac{1}{1000} + 1万円 \times \frac{10}{1000} + 0円 \times \frac{989}{1000} = 200円$$

である。このくじを1本買うと200円当たることが期待できるというわけだ。もし1本買うのに300円必要だとしたら、300円払って戻ってくるのは200円だけということなので、買わない方がよいということになる。

夏のエアコン商戦に向けて

今年の夏が冷夏か猛暑か平年並みかによってエアコンの売れ行きは大きく変わる。次の表1-2は、今夏が冷夏、猛暑、平年並みになる確率と、それぞれの場合にエアコンが何台売れるかの予測である。

表1-2　今夏の予報とエアコン売上台数の予測

	冷夏	猛暑	平年並み
確率	25%	30%	45%
売上台数	40台	130台	80台

この表をもとにエアコンの最適仕入台数を求めるには、売上台数の期待値を求めればいい。

$$
\begin{aligned}
\text{売上台数の期待値} &= \text{冷夏の売上台数} \times \text{冷夏の確率} \\
&\quad + \text{猛暑の売上台数} \times \text{猛暑の確率} \\
&\quad + \text{平年並みの売上台数} \times \text{平年並みの確率} \\
&= 40\text{台} \times 0.25 + 130\text{台} \times 0.3 + 80\text{台} \times 0.45 \\
&= 85\text{台}
\end{aligned}
$$

85台売れるであろうと予測できるということがわかった。これをもとに仕入台数を決めるとよい。

指数・対数

「年利3％」でも、借金を放置すると恐ろしいことに…

利息が利息を生む「複利計算」の仕組みを理解しよう！

　銀行にお金を預けると利息がつき、逆に銀行からお金を借りても利息がつく。利息の計算方法には**単利**と**複利**の2通りがある。単利は「元金のみ」に利息がつくが、複利は「元金＋利息」に利息がつく、つまり利息が利息を生むということだ。

年利1％で100万円を預けたとすると…

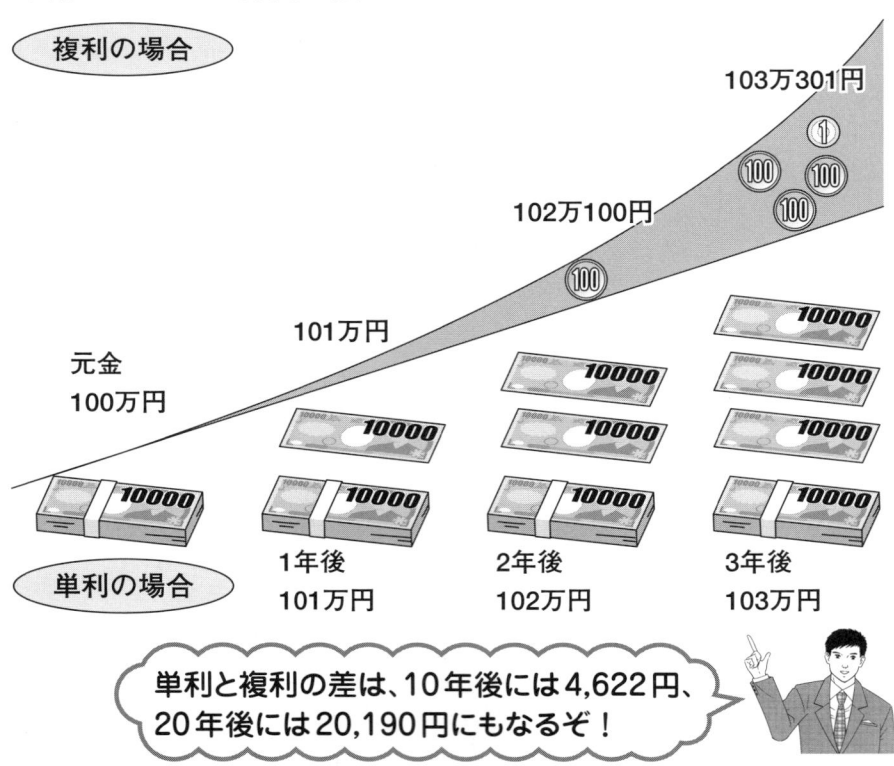

複利の場合

103万301円

102万100円

101万円

元金
100万円

単利の場合

1年後
101万円

2年後
102万円

3年後
103万円

単利と複利の差は、10年後には4,622円、20年後には20,190円にもなるぞ！

借金の返済

友人から3万円を借り、月利1％で返済するとしよう。月払いで3回に分割すると、毎月の返済額はいくらになるだろうか。

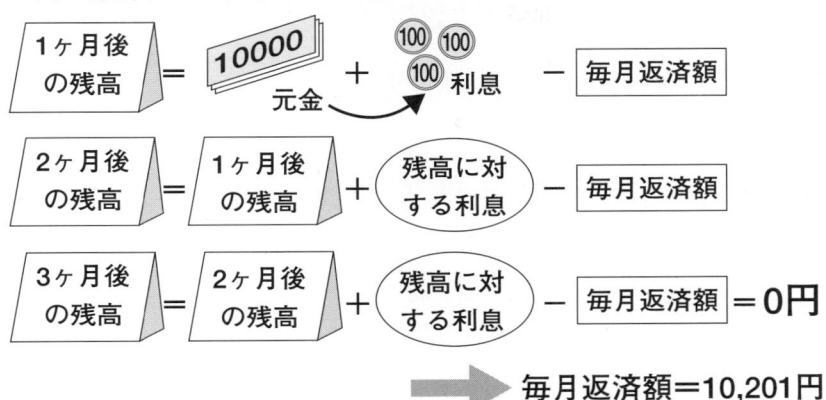

```
[1ヶ月後の残高] = 10000(元金) + 100 100 100(利息) − [毎月返済額]

[2ヶ月後の残高] = [1ヶ月後の残高] + (残高に対する利息) − [毎月返済額]

[3ヶ月後の残高] = [2ヶ月後の残高] + (残高に対する利息) − [毎月返済額] = 0円
```

⇒ 毎月返済額＝10,201円

返済予定表は、次の表1−3のようになる。毎月残高が減っていくので、支払いのうち利息分は減っていくことに注意しよう。

表1−3 3万円借り入れ、月利1％の場合

回数	返済額の累計	毎月返済額			残高
		返済額	元金分	利息分	
1	10,201	10,201	9,901	300	20,099
2	20,402	10,201	10,000	201	10,099
3	30,602	10,200	10,099	101	0

これが住宅ローンだったら、額が大きい分、利息も膨らむ。3000万円を年利3％、30年ローンで借りた場合、毎月126,481円ずつ返済し、総額は約4553万円にもなる。利息だけで1500万円以上である。仮に1円も返さずに30年間放置した場合のローン残高は、

$$3000万円 \times \underbrace{1.03 \times 1.03 \times \cdots \times 1.03}_{30年分} = 7281万7874円$$

となる。

xの使い方

未知の数量（未知数）や変わり得る数量（変数）はxで表す

値がわからない量、値を決めたくない量は、とりあえずxとおこう！

1個500円の商品を売っているとしよう。

  1個売れると売上は、1個500円×1個＝500円

  2個売れると売上は、1個500円×2個＝1000円

  10個売れると売上は、1個500円×10個＝5000円

である。このように、具体的に数量が決まっているときは簡単である。具体的な数量がわからないとき、あるいは具体的な数量を決めずにとりあえず一般的な表し方をしたいときは、文字を使うのが便利である。文字を使うことの意味は、次の2つである。

① **わからないからxとおく。**

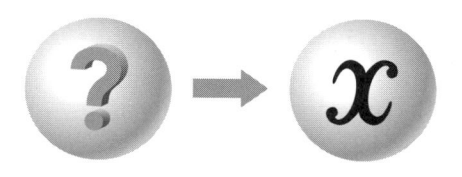

値がわからないから未知数という。

② **決めたくないからxとおく。**

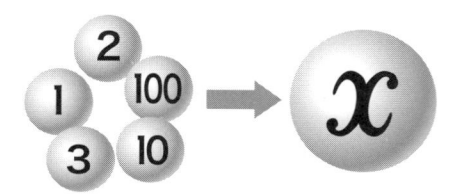

値が変化するから変数という。

未知数や変数を文字で表すとき、x がよく使われるが、別の文字を使ってもいい。a でも z でも何でも OK である。何を文字に置き換えるかを考えて、それを表す英単語の頭文字を使うとわかりやすいだろう。たとえば、価格（price）なら p を使い、コスト（cost）なら c を使うという具合だ。

文字を使った計算例

① 1個500円の商品が x 個売れると売上は
$$500 \times x = 500x \text{（円）} \quad \leftarrow \text{掛け算の記号×は省略}$$

② 1個 p 円の商品が x 個売れると売上は
$$p \times x = px \text{（円）} \quad \leftarrow \text{文字どうしの掛け算}$$

③ 1個500円の商品が x 個、1個1000円の商品が y 個売れると売上は
$$500 \times x + 1000 \times y = 500x + 1000y \text{（円）} \quad \leftarrow \text{掛け算・足し算}$$

④ ③の2つの商品が z 個ずつ売れると売上は
$$500 \times z + 1000 \times z = 500z + 1000z = 1500z \text{（円）} \quad \leftarrow \text{文字部分が同じときは、まとめる}$$

方程式とは？
方程式を作り、解くことで、未知数 x が決まる

値がわからない数量を x とおいたら、方程式を作ろう！

　ある数（未知数 x）に10を足すと15になるとしよう。このとき、

　　$x+10=15$　　←$x+10$と15が等しい

という等式ができる。この等式のイコールの両側（両辺という）から10ずつ引くと、

　　$x+10-10=15-10$　　←等しいものから同じ数を引いても等しいまま

　　$x=5$

となり、未知数 x の値が求められる。このように、未知数 x をふくむ等式を**方程式**といい、方程式から x の値を求めることを方程式を解くという。

　ちなみに、野球で勝利につながる継投パターンのことを「勝利の方程式」というが、このいい方は数学的には正しくない。勝利の「方程式」ではなく「解」というべきである。継投パターンを未知数とする方程式を解いた結果、得られた解が実際の継投パターンとなる。「勝利の方程式」の段階では、まだ継投パターンが決定していないというわけだ。

方程式を作って解くとは、次の①〜③の一連の流れのことである。
① わからない数量、知りたい数量をxとおく。
② 与えられた条件から、xを使った等式（方程式）を作る。
③ 方程式を解いて、xの値を求める。

難しいのは、②の方程式を作るところだろう。与えられた条件を数式を使って正しく表さなければならない。ここでは、ビジネスでよく出てくる割合や率の表し方をまとめておこう。

割合・率の表し方

●何割の表し方

1割は、全体を10としたときの1つ分だから、$\frac{1}{10}$や0.1と表す。

例）1000円の3割引は何円？
　1000円の3割は、**1000円×0.3＝300円**
　よって、1000円の3割引は、**1000円－300円＝700円**
　あるいは、3割を引くということは7割を残すということだから、**1000円×0.7＝700円**としてもよい。

●何％の表し方

1％は、全体を100としたときの1つ分だから、$\frac{1}{100}$や0.01と表す。

例）1000円の25％増しは何円？
　1000円の25％は、**1000円×0.25＝250円**
　よって、1000円の25％増しは、**1000円＋250円＝1250円**
　あるいは、25％増やすということは125％にするということだから、**1000円×1.25＝1250円**としてもよい。

1次方程式
目標利益を得るのに必要な、1商品の販売数量を求める

> 1次方程式は、方程式の基本だ。
> 解き方をしっかり押さえよう！

文字xに5を掛けると$5x$となり、これに2を足すと$5x+2$となる。このように、xに数を掛けて数を足した式をxの**1次式**という。未知数xの1次式を使った方程式を**1次方程式**という。

方程式を解くときは、次の等式に関する4つのルールを使う。

等式に関する4つのルール

① $A=B$ならば、$A+C=B+C$ （同じものを足しても等しいまま）
② $A=B$ならば、$A-C=B-C$ （同じものを引いても等しいまま）
③ $A=B$ならば、$A\times C=B\times C$ （同じものを掛けても等しいまま）
④ $A=B$ならば、$A\div C=B\div C$ （同じもので割っても等しいまま ただし、$C\neq 0$）

例 1次方程式$5x+2=3x+4$を解く。

$5x+2=3x+4$
$5x-3x+2-2=3x-3x+4-2$ ）ルール②
$2x=2$
$x=1$ ）ルール④

> $x=1$をもとの方程式に代入して、
> 答えの確かめをしよう。

1次方程式

1次方程式の使用例

原価120円の商品を定価250円で売っている。定価の2割引のバーゲン価格で売って、10000円の利益を出すには何個売ればいいか？

販売個数を知りたいので、これを x 個とする。

　　バーゲン価格は、250円×0.8＝200円

　　1個あたりの利益は、200円－120円＝80円

　　x 個売ったときの利益は、80円×x＝80x円

利益を1万円にしたいから、

　　$80x = 10000$

　　$x = 10000 ÷ 80 = 125$　→　125個売ればよい。

第1章 微積理解の準備

うどん　カレー　返却

社食ってホントに助かりますよね

100食売っても1万円儲からないぐらいの価格設定だからな

連立方程式
目標利益を得るのに必要な、2商品の販売数量を求める

> 未知数の個数と方程式の個数が一致しているか、それが問題だ。

　わからない数量は1つとは限らない。2つあるときは、両方とも文字で表せばいい。同じ文字は使えないので、xとyを使おう。

　2つの未知数を使った方程式を考えてみよう。たとえば$x+y=10$を満たすx、yの値は何だろうか。この方程式の意味は「xとyを足したら10になる」だから、$x=5$、$y=5$は方程式の解になっている。しかし、解はこれだけではないことは明らかである。足して10になればいいのだから、0と10でも2と8でも100と−90でもいいのだ。解は無限に存在する。わからない数量があるから方程式を作るのに、これではまったく役に立たない。

　これを解決するには、xとyを使った方程式をもう1つ作る必要がある。たとえば、2つ目の方程式として、$x-y=2$ができたとしよう。これは「xからyを引いたら2になる」ということだから、先の「足したら10」と合わせて考えると、$x=6$、$y=4$が当てはまることがわかる。これ以外に2つの方程式を満たすx、yはない。

　2つの未知数の値を知るためには2つの方程式が必要である。未知数の個数と方程式の個数は常に同じでなければならないのだ。2つの未知数を使った2つの方程式をセットにして**連立方程式**という。連立方程式を解くときのキモは、文字の数を減らすということだ。

連立方程式

未知数の個数＝方程式の個数

連立方程式

連立方程式の例

商品Aは原価400円、定価800円で、商品Bは原価500円、定価1000円である。両方合わせて450個売って、20万円の利益が出るようにしたい。それぞれ何個売ればいいか？

未知数は商品A、Bの販売個数だから、それぞれx個、y個とする。

- 合わせて450個売る → $x+y=450$
- 利益の合計20万円 → $400x+500y=200000$

これら2つの方程式をセットにして連立方程式ができる。2つ目の方程式の両辺を100で割って簡単にしてから、改めて、

$$\begin{cases} x+y=450 & \cdots ① \\ 4x+5y=2000 & \cdots ② \end{cases}$$

とする。この連立方程式を2通りの方法で解いてみよう。

加減法で解く！

①の両辺を4倍すると、

$4x+4y=1800$ …③

②と③の差を計算すると、

$4x+5y-(4x+4y)$
$\qquad =2000-1800$

$\underbrace{4x+5y-4x-4y}_{}=200$ ― xが消える！
$y=200$

①より、$x=450-200=250$

代入法で解く！

①より、$y=450-x$ …④

この④を②のyに代入すると、

$4x+5\underbrace{(450-x)}_{y\text{が消えた！}}=2000$

$4x+2250-5x=2000$

$-x=-250$

$x=250$

④より、$y=450-250=200$

> 商品Aを250個、商品Bを200個売ればいいことがわかった。一方の文字を消去して、1つの文字だけの方程式を作るところがポイントだ。

2次方程式
売上を現状維持できる値下額を求める

> 2次方程式の解の公式をマスターしよう！

x と x を掛けたもの $x \times x$ を x^2 と書き、「x の2乗」と読む。$5x+2$ のような式を x の1次式といったが、これに x^2 を足した x^2+5x+2 のような式を x の**2次式**という。未知数 x の2次式を使った方程式を**2次方程式**という。一般的な2次方程式は、

$$ax^2+bx+c=0 \quad (a、b、c は定数で、a \neq 0)$$

という形をしている。2次方程式には万能の**解の公式**がある。

2次方程式の解の公式

$$ax^2+bx+c=0 \text{ の解は、} x=\frac{-b \pm \sqrt{b^2-4ac}}{2a}$$

例 2次方程式 $2x^2+3x-5=0$ を解く。

解の公式で、$a=2$、$b=3$、$c=-5$ とする。

$$x=\frac{-3 \pm \sqrt{3^2-4\times 2\times(-5)}}{2\times 2}$$
$$=\frac{-3 \pm \sqrt{49}}{4} \quad \leftarrow \text{ルートの中を計算}$$
$$=\frac{-3 \pm 7}{4} \quad \leftarrow \sqrt{49}=7$$
$$=1、-\frac{5}{2} \quad \leftarrow \pm \text{のプラスとマイナスで解は2個}$$

2次方程式の使用例

定価1000円で、1日に1000個売れる商品がある。この商品を8円値下げするごとに売上個数は10個ずつ増えるとする。売上額を維持するには、いくらまで値下げできるか？

値下げをすると1個あたりの売上は減るが、その分たくさん売って売上額を維持しようということである。

値下額と売上額の関係は、次の表のようになっている。

値下回数	0	1	2	5	10	20	30	50
値下額	0	8	16	40	80	160	240	400
売価	1000	992	984	960	920	840	760	600
売上個数	1000	1010	1020	1050	1100	1200	1300	1500
売上額	1,000,000	1,001,920	1,003,680	1,008,000	1,012,000	1,008,000	988,000	900,000

あまり値下げしすぎると売上額が落ちることがわかる。売上額を維持できるギリギリの値下回数をx回とすると、値下額は$8x$円となり、売価は$1000-8x$（円）。一方、売上個数は$10x$個増えるので、$1000+10x$（個）。売上額は、売価×売上個数だから、$(1000-8x)(1000+10x)$円となる。これが1000000円に等しい。

$$(1000-8x)(1000+10x)=1000000$$

$$1000000+10000x-8000x-80x^2=1000000$$

$$-80x^2+2000x=0$$

$$x^2-25x=0$$

$$x=\frac{-(-25)\pm\sqrt{(-25)^2-4\times1\times0}}{2\times1}$$

$$=\frac{25\pm25}{2}=25、0$$

解が2つ出たが、$x=0$は値下げをしない場合だから関係ない。答えは$x=25$、つまり、$1000-8\times25=800$（円）まで値下げできる。

関数とは?
「変数xに具体的な数を入れると変数yの具体的な数が出てくる仕組み」が関数

原因と結果。
世の中は関数で成り立っているのかも……。

　2つの変数xとyがあり、変数xの値が1つ決まると、それに応じて変数yの値がただ1つに決まるとき、「yはxの**関数**である」という。たとえば、「yはxの10倍」という関係があるとすると、$x = 1$なら$y = 10$、$x = 2$なら$y = 20$というように、yはxの関数になっている。式で書くと、$y = 10x$となる。

　ここで大切なのは、yの値が「ただ1つに」決まるというところである。「yはxの平方根」という関係があるときは、$x = 100$に対して、$y = \pm 10$とyの値が2つ出てくるので、yはxの関数とはいえないのだ。身近な例でいうと、自動販売機は1つのボタンに対して1つの商品が対応しているので関数的であるが、ガチャポンは何が出てくるかわからないので関数的ではない。

自動販売機のボタンと商品は関数的に対応している。

ガチャポンのレバーと商品の対応は関数的ではない。

第1章 微積理解の準備

関数とは？

関数の扱い方

y が x の関数であるということを、

　　$y = f(x)$　　と書き、

　　ワイ イコール エフエックス　　と読む。

f は「関数」を意味する英単語 function の頭文字である。

x の関数を $f(x)$ と表した場合、$x=1$ のときの y の値を $f(1)$ と書く。$x=2$ のときの y の値は $f(2)$ だ。$f(x)=10x$ だったら、

　　$f(1) = 10 \times 1 = 10$、$f(2) = 10 \times 2 = 20$

と計算する。もっと複雑な形をした関数でも同じだ。

$f(x) = x^2 + 4x - 6$ だったら、

　　$f(1) = 1^2 + 4 \times 1 - 6 = 1 + 4 - 6 = -1$

　　$f(2) = 2^2 + 4 \times 2 - 6 = 4 + 8 - 6 = 6$

となる。式の x に具体的な値を入れてやれば、対応する y の値が出てくる。

関数の視覚化

「xとyの『組』を表す点をたくさん打つと見えてくる線」がグラフ

関数をグラフ化することによって、無味乾燥な数字がイメージに変わる。

変数xとyを組にして(x, y)と書き、平面上の位置を表すことができる。たとえば、$x=1$、$y=2$とすると、$(1, 2)$は次の図の点Aを表す。

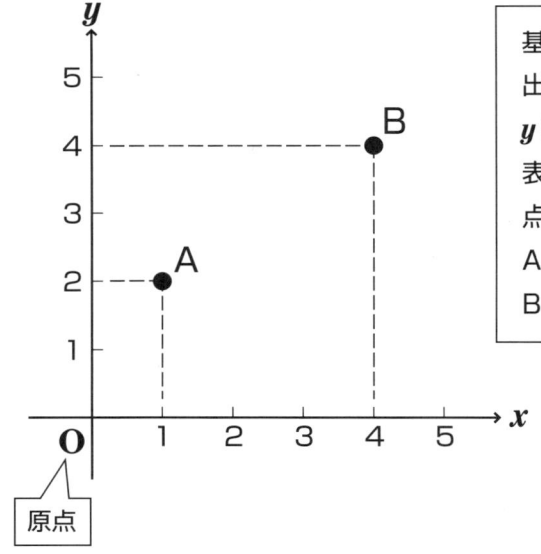

基準となる点(原点)から出発して、右へx、上へy進んだ点を(x, y)と表す。(x, y)を、この点の座標という。図の点Aの座標は$(1, 2)$、点Bの座標は$(4, 4)$だ。

yがxの関数のとき、xを決めるとyも決まるので、xとyの組(x, y)をいくらでもたくさん作ることができる。$y=x^2$なら、$x=1$のとき$y=1$だから$(1, 1)$、$x=2$のとき$y=4$だから$(2, 4)$、…という具合だ。

またxは負の数でも小数でも何でもいいので、$(-1, 1)$、$(-2, 4)$、$(0.1, 0.01)$なども作れる。こうして作った組(x, y)を座標と考えて、平面上の点として表していくと、関数を視覚的に表すことができる。

関数の視覚化

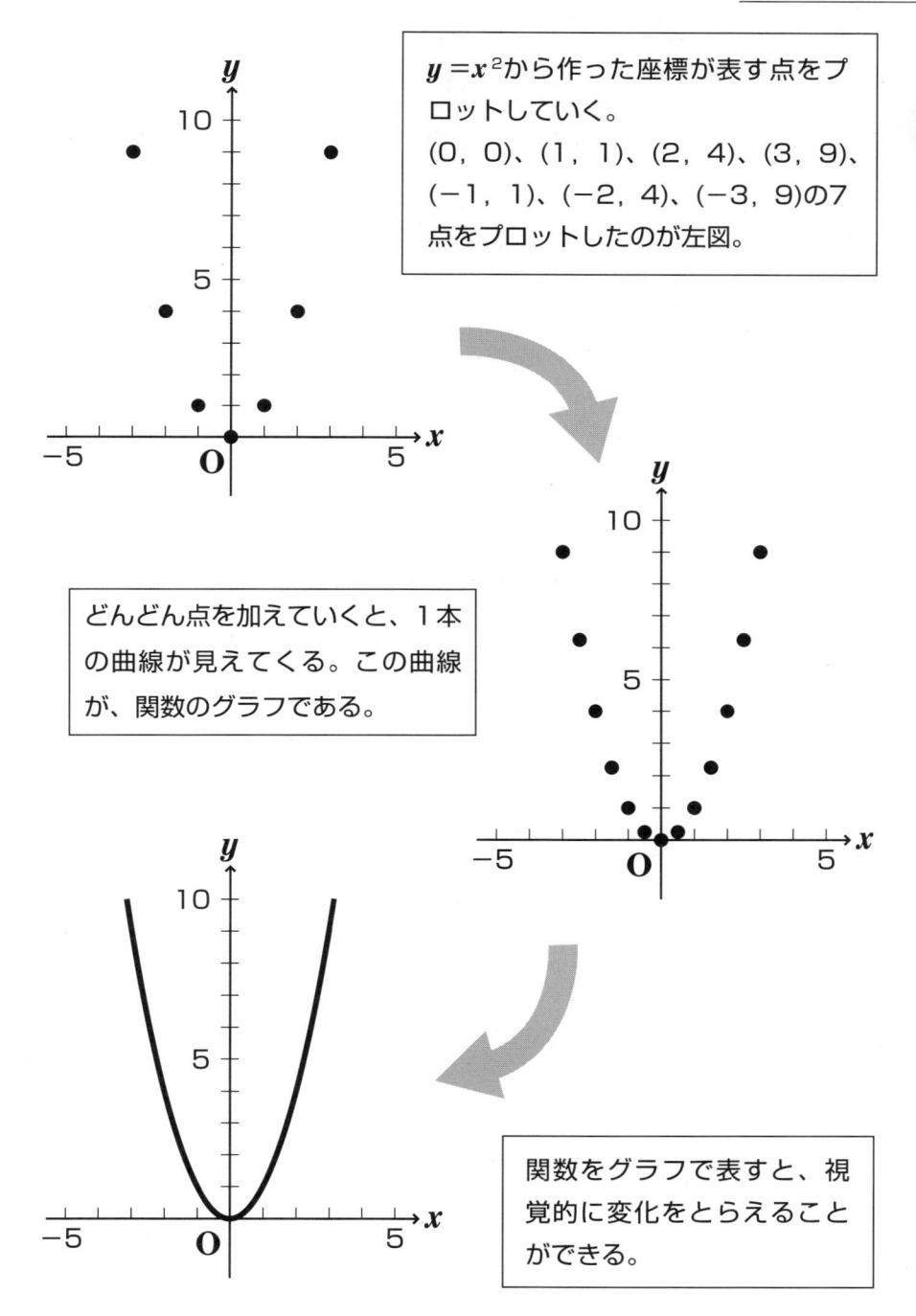

$y=x^2$ から作った座標が表す点をプロットしていく。
(0, 0)、(1, 1)、(2, 4)、(3, 9)、(−1, 1)、(−2, 4)、(−3, 9)の7点をプロットしたのが左図。

どんどん点を加えていくと、1本の曲線が見えてくる。この曲線が、関数のグラフである。

関数をグラフで表すと、視覚的に変化をとらえることができる。

第1章 微積理解の準備

グラフの利用
適正価格と初期ロット数は2つのグラフでわかる

> 2つのグラフが交わるところに答えがある。

　ビジネスにおける関数のグラフといえば、需要曲線と供給曲線だろう。価格を1つ決めれば、需要数(買いたい数)が決まるし、同時に、供給数(売りたい数)も決まる。つまり、需要数と供給数は、ともに価格の関数と考えることができる。価格が下がれば需要数は増え、供給数は減る。逆に価格が上がれば需要数は減り、供給数は増える。これをグラフで表すと、需要曲線は右下がりになり、供給曲線は右上がりになる。

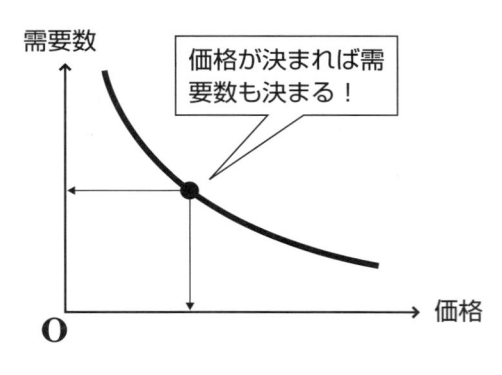

価格が決まれば需要数も決まる！

価格が決まれば供給数も決まる！

経済学では、横軸に需要数・供給数をとり、縦軸に価格をとるのがふつうであるが、ここではわかりやすくするために逆にしてある。

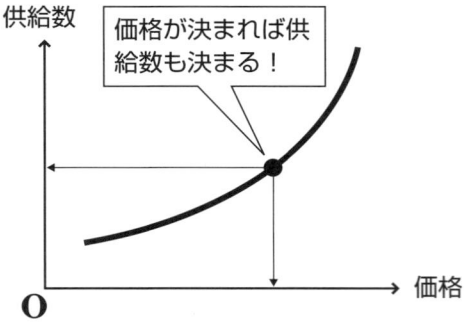

価格が下がれば需要は増えるのか、需要が増えれば価格は下がるのか！？

ビジネスの世界では、市場原理により、価格は需要と供給が均衡するところに落ち着く。この落ち着きどころは、需要曲線と供給曲線が交わる点（交点）に他ならない。2つのグラフの交点は「両者ともに満足するところ」という意味を持っている。

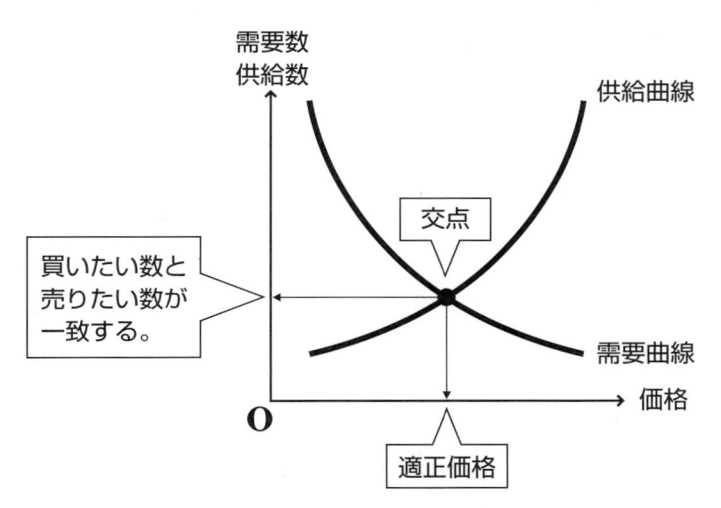

1次関数

「変動費+固定費」は $y=ax+b$ で表せる

直線的な変化には1次関数を使おう！

ある工場では、商品を1個製造するごとに200円かかる（変動費）。また、固定費として毎月50万円かかっている。1ヶ月の製造個数を x 個とすると、毎月の総費用 y 円は、

$$y = 200x + 500000$$

と表せる。x を決めれば y はただ1つに決まるので、y は x の関数である。

このように、

$$y = ax + b \quad (a、b は定数)$$

の形の関数を**1次関数**という。ax の部分が変動費、b の部分が固定費にあたる。1次関数のグラフは直線になる。

総費用 y（円）

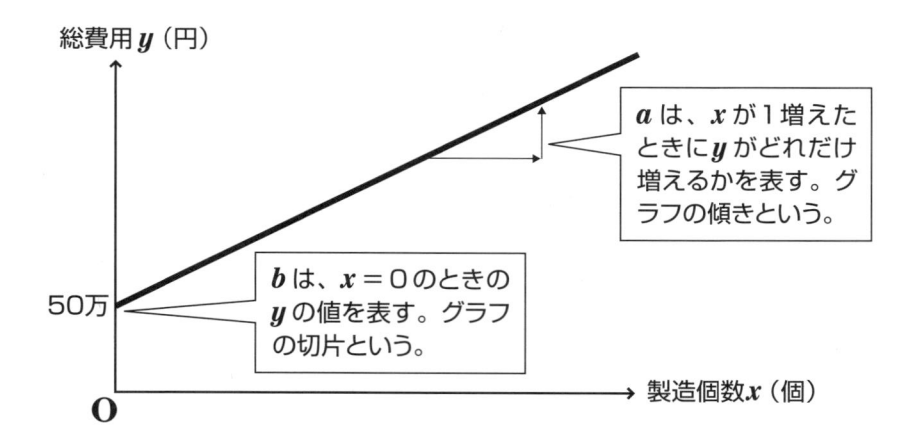

a は、x が1増えたときに y がどれだけ増えるかを表す。グラフの傾きという。

50万

b は、$x=0$ のときの y の値を表す。グラフの切片という。

製造個数 x（個）

図1-1　1次関数のグラフ

1次関数の例

● 固定給＋残業代

　毎月の固定給が15万円、残業代が1時間あたり1000円の場合、1ヶ月にx時間残業したときの給料y円は、

　　$y = 1000x + 150000$

● 基本料金＋従量料金

　携帯電話の料金プランで、1ヶ月60分までの通話なら基本料金3000円で、60分を超える通話については1分間あたり20円だとすると、1ヶ月にx分通話したときの料金y円は、

　　$0 \leq x \leq 60$のとき、$y = 3000$

　　$60 < x$のとき、　$y = 3000 + 20(x - 60)$
　　　　　　　　　　　　$= 20x + 1800$

60分を超えた分の通話料金

ウチから仕入れていただければ材料費は半額！$y = ax + b$のaが半分になりますよ

2次関数

商品の最適価格は、$y=ax^2+bx+c$ の頂点

最大・最小を知りたければ、放物線の頂点を見よう！

33ページで取り上げた2次方程式の使用例で、8円の値下げをx回行うとして売上額を計算したが、その売上額をy円とすると、yはxの関数である。値下回数が決まれば、売上額も決まるというわけだ。33ページの計算から、この関数を表す式は、

$$y=-80x^2+2000x+1000000$$

となる。x^2が入っているので、**2次関数**という。2次関数の一般形は、

$$y=ax^2+bx+c \quad (a、b、c は定数)$$

である。上の例は、$a=-80$、$b=2000$、$c=1000000$の場合だ。

36～37ページで扱った$y=x^2$のグラフからもわかるように、2次関数のグラフは曲線で、放物線といわれる。ものを放り投げたときにできる軌跡を表す曲線である。

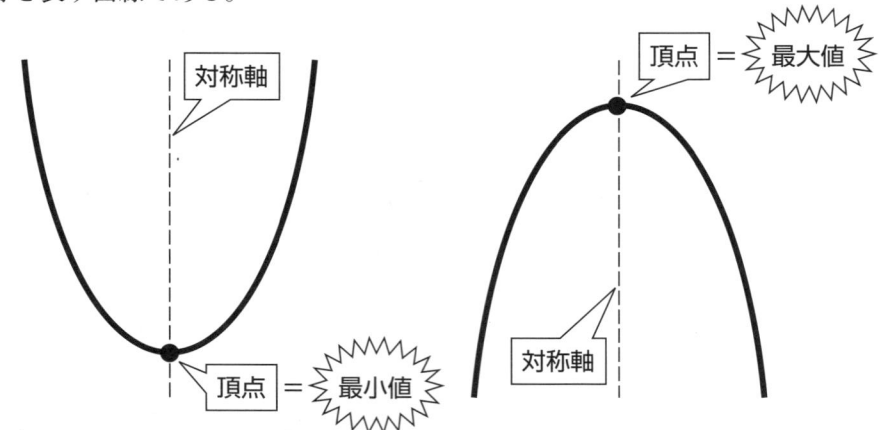

図1－2　2次関数のグラフ（左が$a>0$、右が$a<0$の場合）

2次関数

33ページの例で、売上額を維持するのではなく最大にしたい場合を考えよう。値下回数xのときの売上額y円は、

$$y = -80x^2 + 2000x + 1000000$$

であった。この2次関数を最大にする値下回数を求めればよい。グラフをかいて調べてみよう。

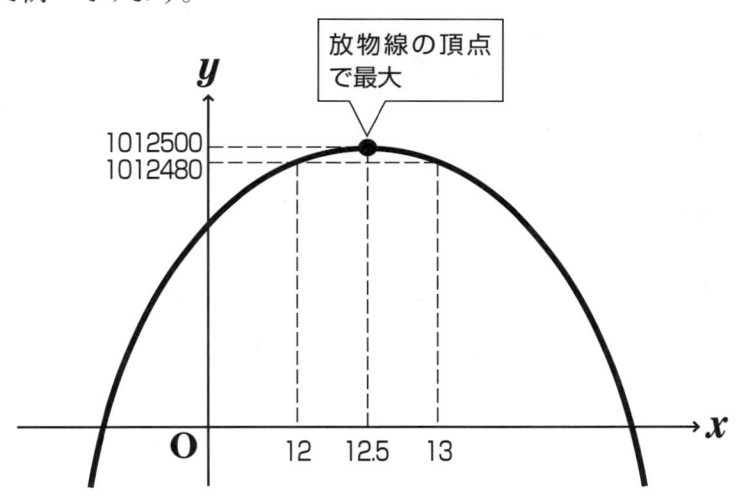

図1-3 値下回数に対する売上額のグラフ

図1-3から、$x=12.5$のときにyは最大になることがわかる。つまり、12回または13回の値下げをしたときに売上額が最大の101万2480円になるということがわかる。

放物線の頂点の計算方法

$y = ax^2 + bx + c$ のグラフの頂点は、$x = -\dfrac{b}{2a}$ の点

例 $y = -80x^2 + 2000x + 1000000$ の場合
$a = -80$、$b = 2000$ だから、
$$x = -\dfrac{b}{2a} = -\dfrac{2000}{2\times(-80)} = \dfrac{2000}{160} = 12.5$$

第1章 微積理解の準備

COLUMN
世界は関数でできている

　関数というだけで難しそうな印象を持つ人もあるかもしれないが、そんなことはない。「関数」という文字は、ただの記号だと思えばよい。

　関数のことを英語ではfunctionという。パソコンのキーボードについているF1からF12まであるファンクションキーのファンクションだ。英語のfunctionという単語には、「機能」とか「相関関係」という意味がある。ちなみに「関数」は、もともと「函数」と書いた。函数はfunctionの中国語読み（ファンスー）である。ただ、日本では戦後、「函」という漢字が当用漢字ではなくなったので、関数と表記するようになった。

　数学の関数とはまさに、物事と物事の相関関係を表す言葉なのだ。物価が上がれば消費が冷える。気温が上がればビールが売れる。風が吹けば桶屋が儲かる。単純にそういう関係性を表す言葉である。

　ただ、数学記号で書くと、ちょっと難しく見えてしまう。$y=f(x)$と書くと、「yはxの関数」という意味になる。難しく考えなくてもいい。xが気温、yが缶ビールの本数と考えればいい。気温が高くなると、飲む缶ビールの数も増える（と同時に、お腹の肉も増える）。このような相関関係を表すのが関数だ。

　わたしたちのまわりには、実は関数がいっぱいある。というか、世界は関数でできているといってもいいだろう。周囲の状況が変わっても絶対変わらないぞ、というのは石ころくらいのもので、たいていのものは、周囲の環境に合わせて変化する「関数的」存在なのだ。

　たとえば、タクシー料金は走行距離で決まる、携帯電話の通話料金は通話時間で決まる、などといった具合である。ちなみに携帯電話の通話料金は、30秒で20円などというように段階的に変化する。これを階段関数という。タクシー料金や電力料金、税率なども段階的に変化する階段関数である。

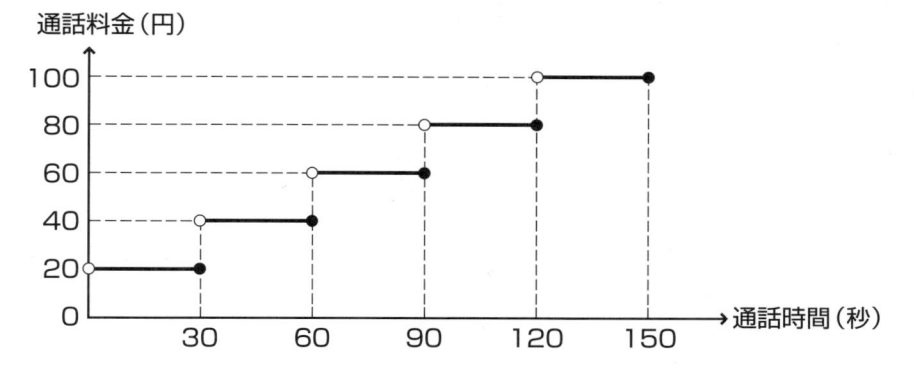

また、高校数学で習う三角関数も関数の1つだ。直角三角形の直角でない角のうち1つ(θ)がわかれば、3辺の長さの比はθの値によって決まる。

たとえば、タワーの高さと見上げる角度がわかれば、タワーまでの距離がわかる。高さ600メートルのタワーを見上げる角度が40°だとしたら、$\tan 40° = 600/x$となる。$\tan 40°$の値は決まっているので、タワーまでの距離xが計算できる。約715メートルである。

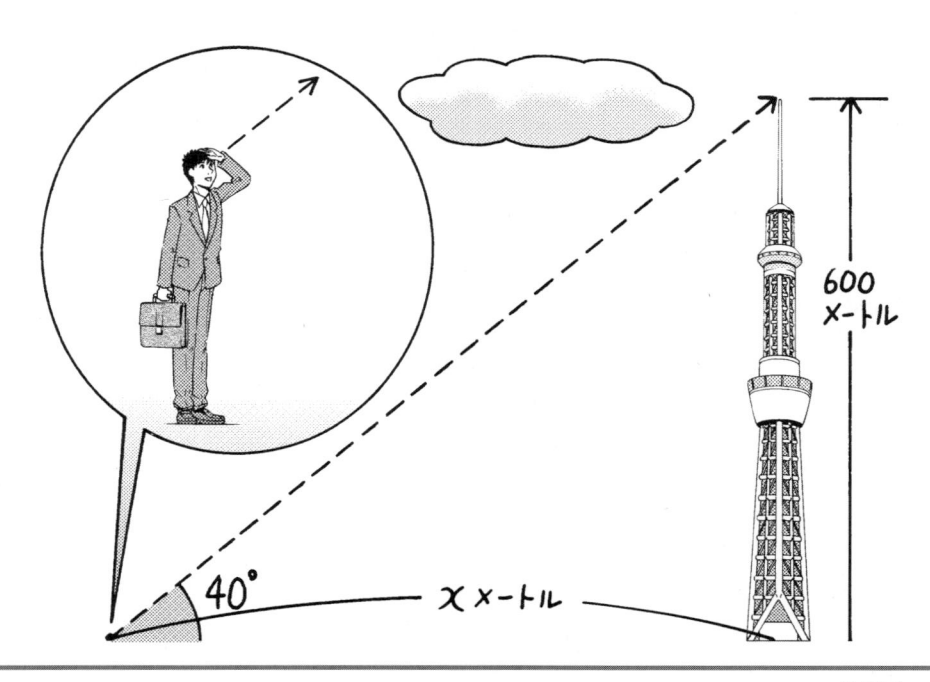

COLUMN

　これと同じ方法で、何光年も離れた星までの距離を調べることもできる。地球は太陽のまわりを公転しているので、季節によって星の見える方向が違う。太陽と地球の間の距離がわかっているので、星までの距離が計算できるのだ。

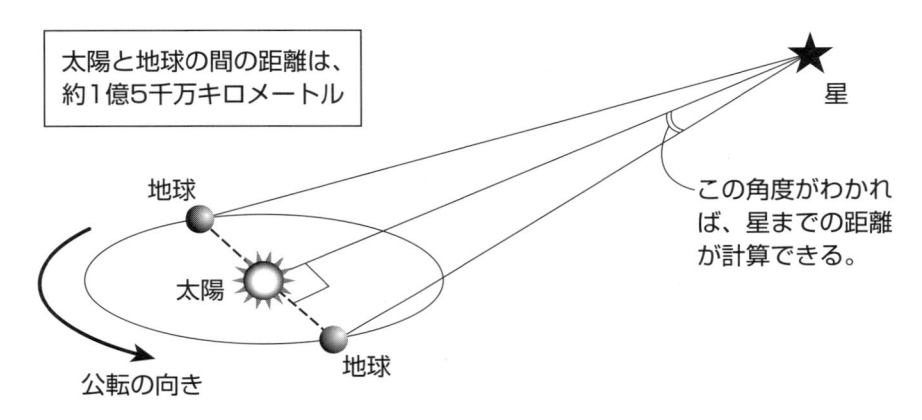

太陽と地球の間の距離は、約1億5千万キロメートル

地球
太陽
地球
公転の向き
星
この角度がわかれば、星までの距離が計算できる。

　自然の中には、他にも関数が潜んでいる。地震の規模（エネルギー）の大きさを表すマグニチュードという単位がある。地震のマグニチュードが1大きくなると、エネルギーの大きさは約32倍になる。マグニチュードが2大きくなると32の2乗で、エネルギーは約1000倍にもなる。これは指数関数と呼ばれるものだ。

　味覚や聴覚など、人間の感覚は、外部からの刺激に対して対数関数的に変化するといわれている。対数関数は、指数関数とは逆の変化をする関数で、xが10倍になるとyは1増え、xが100倍になるとyは2増えるような関数だ。人間の感覚は、刺激の強度が小さい範囲では、ちょっとした変化にも敏感であるが、刺激の強度が大きくなっていくと、同じ量だけ刺激が増加しても、それを感じる度合いは小さくなっていく。これを「ウェーバー・フェヒナーの法則」という。

　このように関数は、社会現象から自然現象、そして人間の感覚と、あらゆるところに存在している。関数を扱う微分積分は、自然と人間の営みを解読するときにも欠かせないツールなのだ。

第2章
微分入門

物事の変化のようすを見て、「最大」「最小」となるポイントを求める

――スープの濃度はどう決める？――

○本章のねらい
単純な状況設定と単純な数字で微分の基本原理・基本計算を学ぶ。

○状況設定
新発売するカップ麺の開発も佳境を迎えている。カップの形状・大きさ、お湯の量、粉末スープの素材とそのブレンド率など、多くのことは決定済みだが、「粉末スープの量」が未決課題として残されている。モニター調査の結果と微分でこの課題に取り組む。

また、麺の太さも、仮決定はなされているのだが、今後の動向をみて調整を加えていく方針だ。

分離量と連続量

微積で扱いやすいのは「アナログ」な量

> 分離量と連続量の違いを理解しよう！
> 微積で重要なのは、連続量だ。

　ものの数え方について考えてみよう。たとえば、卵は1個、2個、…と数え、1.5個とか3.99個という数え方はふつうはしない。これは、卵の個数には1個という最小単位があるからである。1個に1個を足して2個、2個に1個を足して3個、という具合だ。一方、長さには最小単位がない。1cmと2cmの間には1.5cm、1.666cmなど無数の長さが存在している。

　個数のように、とびとびの値しかとらない数量を**分離量**といい、長さのようにあらゆる値をとり得る数量を**連続量**という。これは、デジタルとアナログの関係に似ている。分離量をデジタルな量、連続量をアナログな量といいかえてもいい。

　微分積分で扱いやすいのは、アナログな連続量である。微分積分では、微小な量や微小な変化を扱うことが多いので、どんな値にも対応できる連続量の方が都合がいいのだ。カップ麺でいうと、売上個数は分離量、粉末スープの量は連続量だ。グラム数で計れば無数の量があり得る。

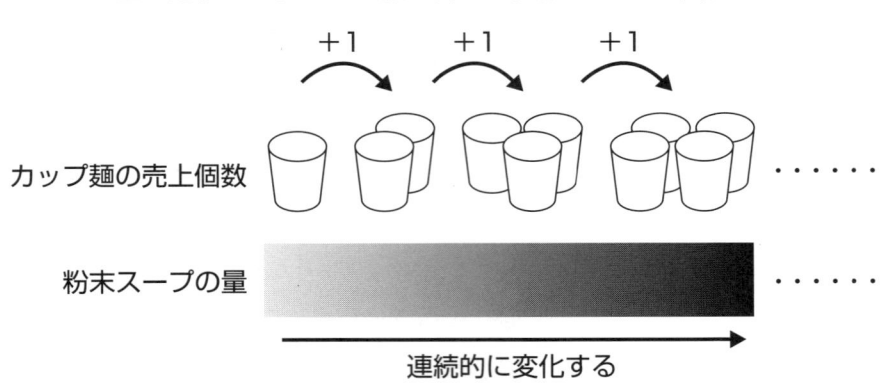

カップ麺の売上個数　　+1　+1　+1

粉末スープの量

連続的に変化する

分離量と連続量

第2章 微分入門

退職金は通信機材を揃えるのに使っちゃったよ

すごい……

デイトレは微小な変化で儲ける仕事だから終値をニュースでチェックするだけじゃダメなのさ

なるほど連続量を見ないと仕事にならんわけだな

> **＋α　ゼノンの「飛ぶ矢のパラドックス」**
>
> 　飛んでいる矢を微小時間に区切って観察すると、どの瞬間にも1つの位置に静止しているので、飛んでいる矢は動いていない、というパラドックスだ。しかし、矢の運動は連続的なので、微分積分で説明できる。

微分とは?
「ちょっとだけ」変えたときの売上の変化は微分でわかる

> 微分とは、ある瞬間における変化の傾向を見るための道具である。

関数の変化

　関数のグラフは視覚的に変化を見るのには便利だが、数値を使って分析するのには向いていない。関数の変化を数値を使って表す手段の1つに**変化率**という量がある。y が x の関数であるとき（$y=f(x)$）、変数 x が2から5まで増加すると、変数 y は $f(2)$ から $f(5)$ まで増加する。このときの変化率は、y の増加量 $f(5)-f(2)$ を x の増加量 $5-2=3$ で割ったものである。

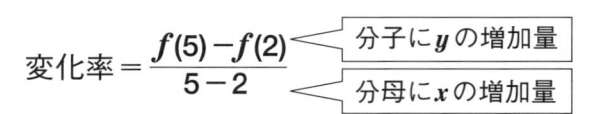

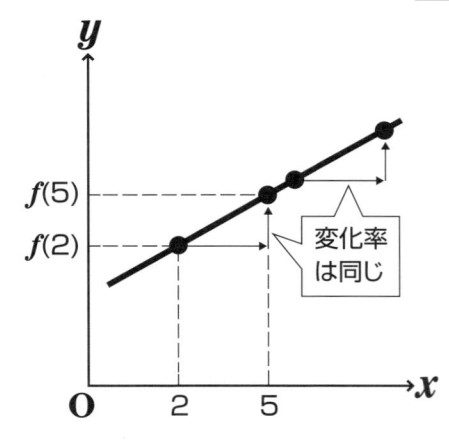

$$変化率 = \frac{f(5)-f(2)}{5-2}$$

　← 分子に y の増加量
　← 分母に x の増加量

直線のグラフなら変化率はどこでも同じである。

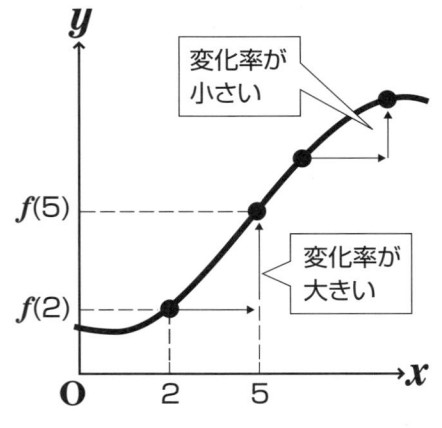

曲線のグラフなら変化率は場所によって異なる。

微分とは？

　さて、本章ではカップ麺の新商品発売に向けて、粉末スープの量をどう決めるかを、いろいろな視点から考える。粉末スープの量は、スープの濃度を決める重要な要素である。モニター調査では、粉末スープの量が少しずつ違ったサンプルを試食してもらい、満足度を調べた。その結果、満足度をスープ濃度の関数として表すことができたのだ。

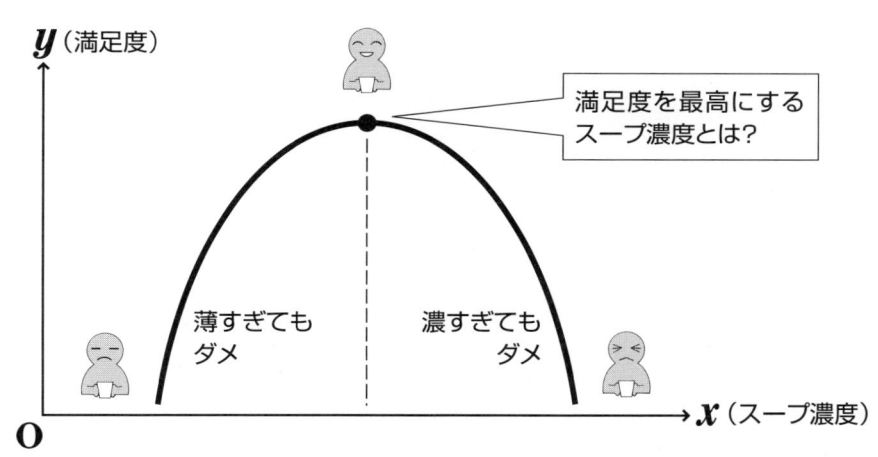

y（満足度）

満足度を最高にするスープ濃度とは？

薄すぎてもダメ　濃すぎてもダメ

O　　　　x（スープ濃度）

結婚おめでとうきれいだよ

うちの娘に何さらしとんじゃワレ

きゃ……キャラの変化率が大きい……

パパ……

平均変化率と瞬間変化率

　直線のグラフは変化率が一定なので面白くない。グラフが曲線になるような関数を考えよう。関数 $y=f(x)$ のグラフ上で、x が 2 から 5 まで増加すると、y は $f(2)$ から $f(5)$ まで増加するから、変化率の式は次のとおりだ。

$$変化率 = \frac{f(5)-f(2)}{5-2}$$

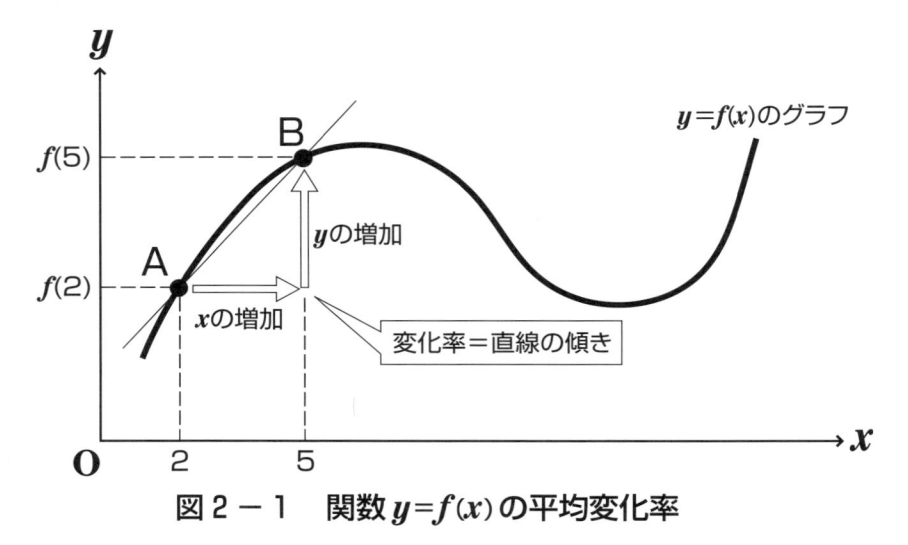

図 2-1　関数 $y=f(x)$ の平均変化率

　変化率は、2 点 A、B を結ぶ直線の傾きを表している。途中でどんなに曲がりくねっていようと、始点と終点を真っ直ぐに結んで、その間の変化をならしているのだ。こんな大雑把なやり方では関数の変化を分析することはできない。このような変化率は**平均変化率**と呼ばれる。これに対して、微分積分では**瞬間変化率**という量を考える。

　図 2-1 で、点 B を点 A に近づけていくと、2 点を結ぶ直線の傾き、つまり平均変化率は徐々に変化していく。点 B が点 A に一致した瞬間の変化率 (もはや平均変化率とはいえない) を瞬間変化率というのだ。このとき、2 点を結んでいた直線は点 A でグラフに接する。この直線を**接線**という。

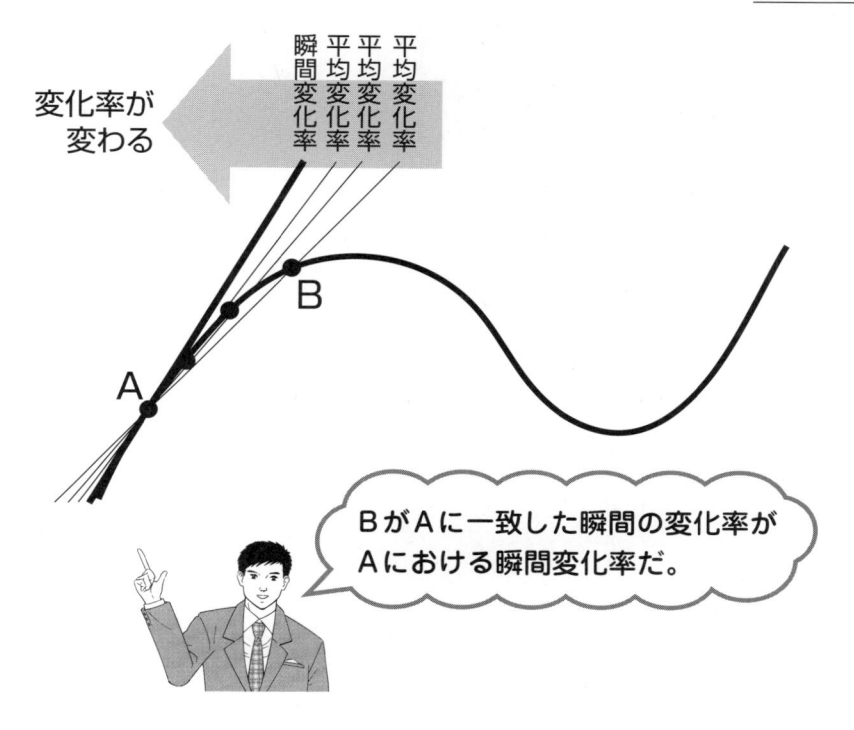

変化率が
変わる

平均変化率
平均変化率
平均変化率
瞬間変化率

A B

BがAに一致した瞬間の変化率が
Aにおける瞬間変化率だ。

微分とは？

第2章 微分入門

　微分では、この瞬間変化率を使って関数の変化を調べる。ある瞬間の変化率、次の瞬間の変化率、その次の瞬間の変化率というように、瞬間の変化率をつなげていくと、全体の変化がわかるのだ。これもまた「点（瞬間）から線（全体）へ」の考え方といえる。

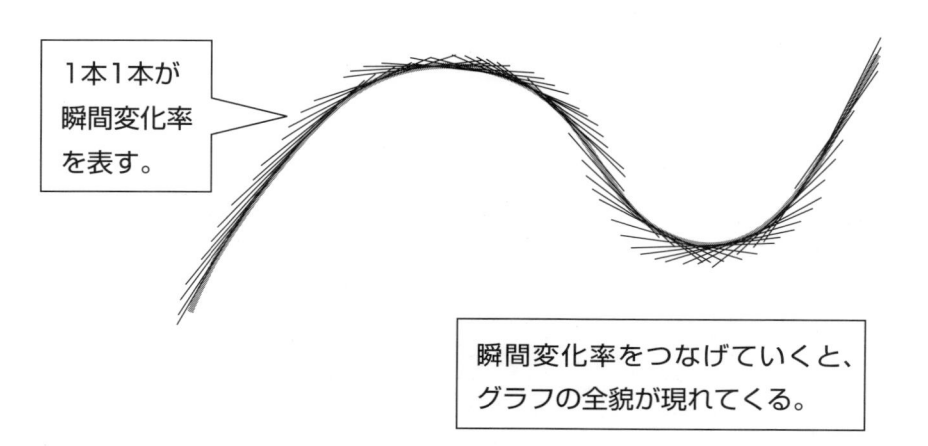

1本1本が
瞬間変化率
を表す。

瞬間変化率をつなげていくと、
グラフの全貌が現れてくる。

微分の公式

関数 $y=f(x)$ において、変数 x の値が決まれば変数 y の値が決まるように、変数 x の値が決まれば瞬間変化率も決まる。つまり、瞬間変化率も変数 x の関数になっているのだ。この関数を、もとの関数 $f(x)$ の**導関数**といい、$f'(x)$ と書く。もとになる関数から導関数を求めることを「**微分**する」という。導関数を求めることができれば、x の値を代入するだけで瞬間変化率が計算できる。

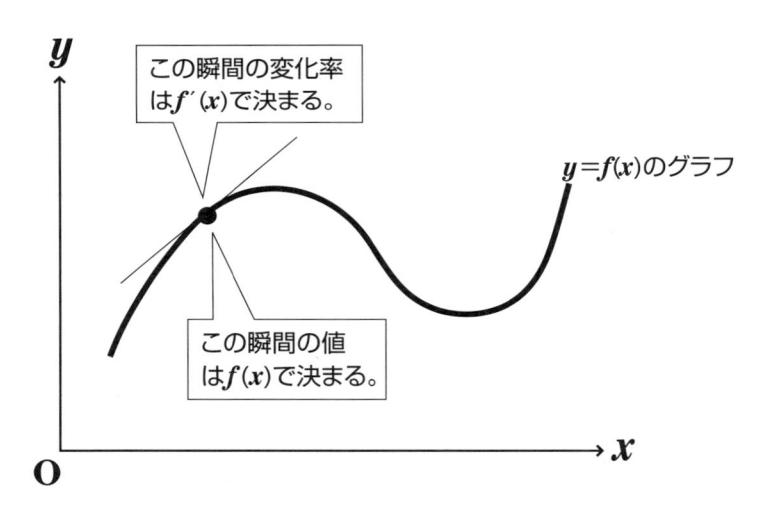

この瞬間の変化率は $f'(x)$ で決まる。

$y=f(x)$ のグラフ

この瞬間の値は $f(x)$ で決まる。

微分の公式

$$f(x)=x^n \quad を微分すると \quad f'(x)=nx^{n-1}$$

x の右肩の n を前に出して、右肩を1つ減らすんだ。
n にはどんな数を入れてもいい。
$n=3$ なら、$f'(x)=3x^2$ だ。

導関数 $f'(x)$ も、もとの関数と同じように、x に好きな値を入れて計算することができる。$x = 1$ なら $f'(1)$、$x = 5$ なら $f'(5)$ という具合だ。$f'(1)$ は $x = 1$ における瞬間変化率であり、$y = f(x)$ のグラフの $x = 1$ の点における接線の傾きでもある。この $f'(1)$ という値を、$x = 1$ における**微分係数**ともいう。

ビジネス数学研修会

$y = x^4$ の導関数は？

はい 3番

$y' = 4x^3$

正解！

導関数の計算は基本中の基本！身体で反応して求められるくらいのスピードが欲しい

微分係数＝0の意味

販売個数を最大にする ポイントを求める

> 微分係数の変化を追っていくと、最大ポイントと最小ポイントがわかる。

微分係数と関数

関数 $y = f(x)$ の $x = a$ における微分係数 $f'(a)$ とは、$x = a$ の瞬間における関数の瞬間変化率を表しているということだ。視覚化していえば、$y = f(x)$ のグラフ上の $x = a$ の点における接線の傾きである。

この微分係数の値と関数の増減は密接に関わり合っている。$x = a$ における微分係数が正の値をとるとしよう。このとき、接線の傾きは正、つまり接線は右上がりになっている。これは、$x = a$ の瞬間において、関数 $y = f(x)$ が増加傾向にあることを示している。逆に、微分係数の値が負であれば、関数は減少傾向にある。

微分係数と関数の増減

・微分係数が正ならば、関数は増加傾向にある。
・微分係数が負ならば、関数は減少傾向にある。

例 $f(x) = x^2$ の場合

微分すると、$f'(x) = 2x$
たとえば $x = 3$ のとき
　　　$f'(3) = 2 \times 3 = 6 > 0 \Rightarrow f(x)$ は増加傾向
たとえば $x = -3$ のとき
　　　$f'(-3) = 2 \times (-3) = -6 < 0 \Rightarrow f(x)$ は減少傾向

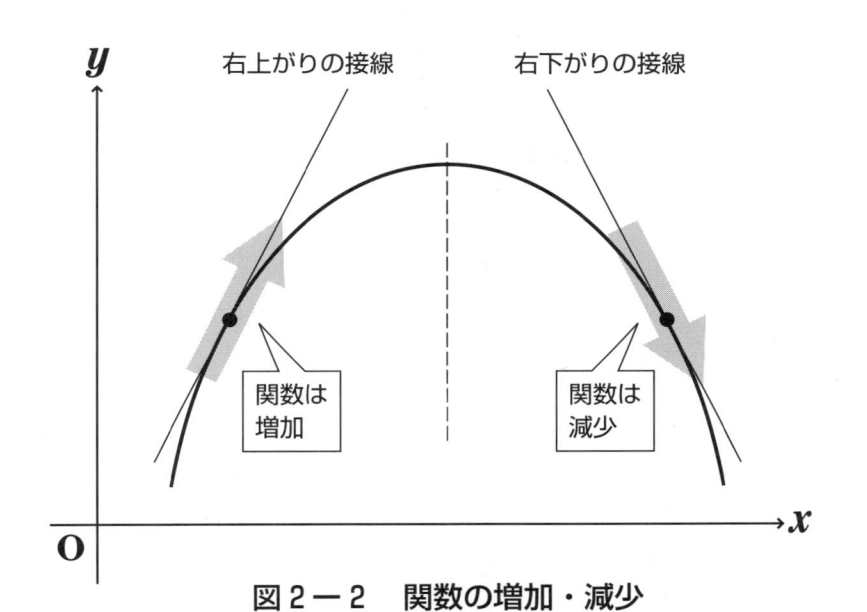

微分係数＝0の意味

第2章 微分入門

右上がりの接線　　　右下がりの接線

関数は増加　　　関数は減少

図2－2　関数の増加・減少

かなりのあっさり味……モニター調査に出したら微分係数は大幅にプラスだな

関数の最大・最小

　微分係数が正から負に変わるとき、関数は増加から減少に転じる。増加から減少に転じるということは、その境目にグラフの頂上があるということだ。逆に、微分係数が負から正になる境目には、グラフの谷底がある。問題は、その頂上あるいは谷底が正確にどこにあるのかを見つけることである。その答えは、微分係数が正から負、あるいは負から正になる境目、つまり微分係数が0になるところである。

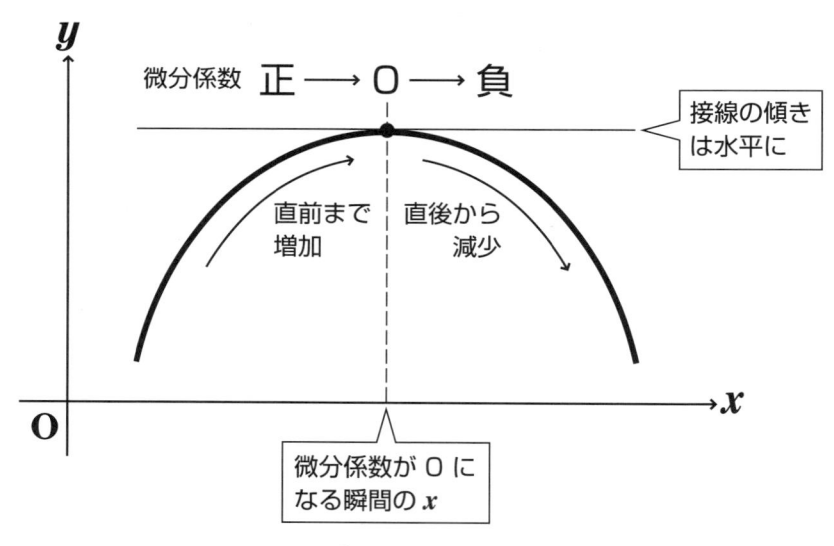

図2-3　グラフの頂上付近の様子

微分係数＝0の意味

・微分係数が正→0→負になるところが、グラフの頂上になる。
・微分係数が負→0→正になるところが、グラフの谷底になる。

微分係数＝0の意味

例　販売個数最大のスープ濃度

カップ麺のスープ濃度が x のときの販売個数を $y=-5x^2+2x$ とする。

微分すると、$y'=-10x+2$

$y'=0$ より、$-10x+2=0$

よって、$x=\dfrac{1}{5}$

$\Rightarrow x=\dfrac{1}{5}$ のとき、y は最大になる。

（43ページの方法で放物線の頂点を求めてもよい）

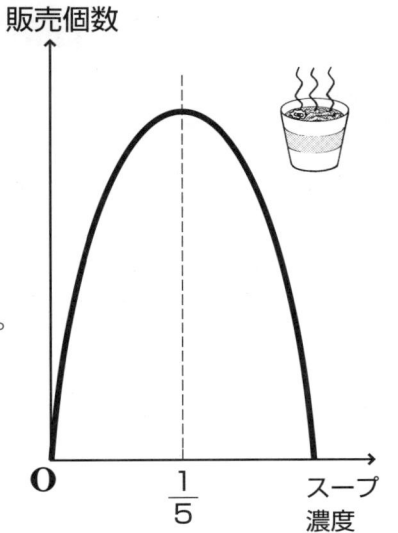

第2章　微分入門

+α　グラフの頂上と谷底

グラフの頂上・谷底は、正確にいうと、その付近での最大・最小ポイントである。数学の言葉では「極大・極小」という。

……というわけでベストなラーメンスープの濃度はモニター回答値のグラフの微分係数がゼロになるポイントで……

……あなた目の前の手料理は味わってるのよねえ？返答によっては一生ラーメンしか食べさせないわよ

和の微分
複数商品の販売個数の合計を最大にするポイントを求める

> 2つの関数の和の最大ポイントは、それぞれの最大ポイントに一致するとは限らない。

2つの関数の和

　麺の太さを変えて、もう1種類のカップ麺を売り出すことになった。麺の太さが変われば、満足度が最大になるスープ濃度も変わるだろう。しかし、今回は粉末スープの量は共通にして、販売個数の和が最大になるようにしたい。

　状況を数学的に整理しよう。変数 x（スープ濃度）を共有する2つの関数のグラフ（満足度曲線）があるとする。x の値を1つ決めると、2つの関数それぞれの y の値が決まる。

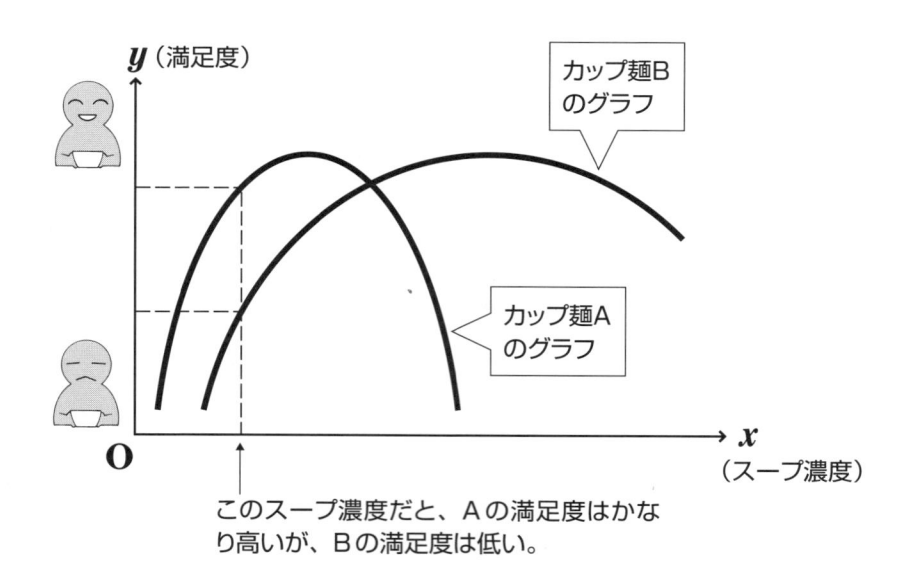

このスープ濃度だと、Aの満足度はかなり高いが、Bの満足度は低い。

粉末スープの量を調整して、カップ麺Ａ、Ｂの販売個数の和を最大にするようなスープ濃度を求めることが今回の目標である。

2つの関数の和の最大・最小

　モニター調査により、スープ濃度を変数xとして、カップ麺Aの満足度を表す関数$f(x)$とカップ麺Bの満足度を表す関数$g(x)$がわかっている。知りたいのは、スープ濃度xを共通としたときの$f(x)$と$g(x)$の和"$f(x)+g(x)$"の最大ポイントである。

　58〜59ページで見たように、カップ麺A単独の最大ポイントは、$f(x)$を微分して0となるxを求めればよく、カップ麺B単独の最大ポイントも、$g(x)$を微分して0となるxを求めればよい。ただし、両者の最大ポイントは一致していない。和が最大となるポイントを求めるにはどうすればいいのだろうか。

A＋Bの最大ポイントはどこ？

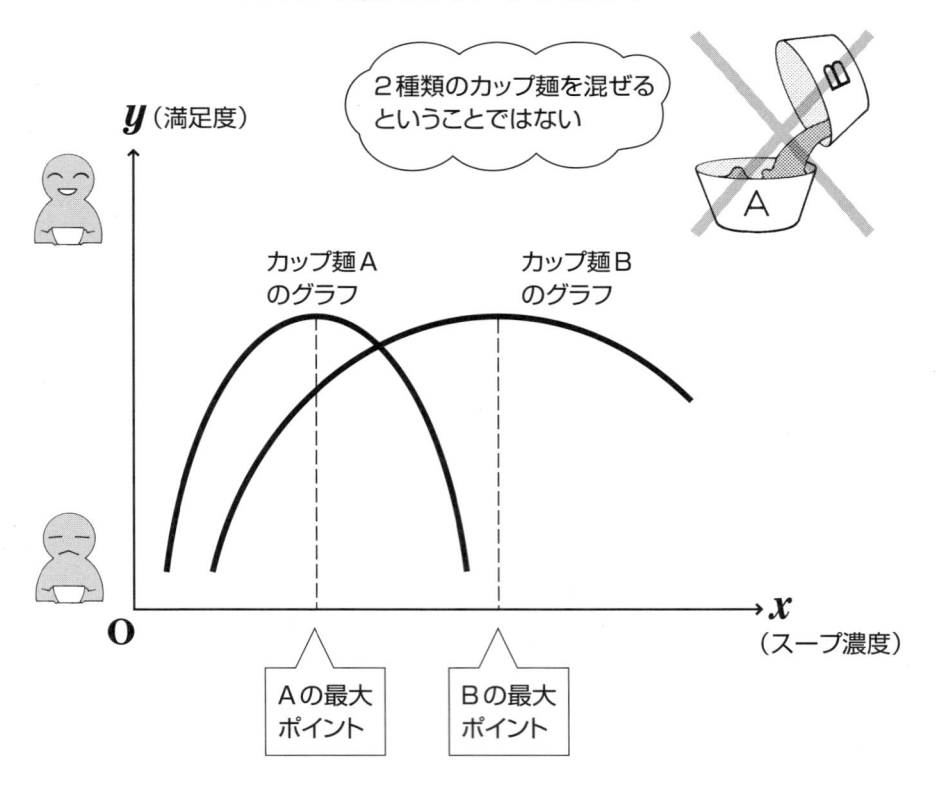

2種類のカップ麺を混ぜるということではない

y（満足度）

カップ麺Aのグラフ

カップ麺Bのグラフ

x（スープ濃度）

Aの最大ポイント

Bの最大ポイント

和の微分

2つのグラフを見ただけで、その和の最大ポイントを見抜くのは至難の業だ。ここはやはり関数を「微分して0」の方法を使うのがよいだろう。関数の和 "$f(x)+g(x)$" を新しい1つの関数とみなし、「微分して0」を使えばいいのだ。

和の微分

$$\{f(x)+g(x)\}' = f'(x)+g'(x)$$

足してから微分する　　微分してから足す

例　販売個数の合計を最大にするスープ濃度

スープ濃度 x のときのカップ麺Aの販売個数を $f(x)=-5x^2+2x+5$、カップ麺Bの販売個数を $g(x)=-2x^2+x+2$ とする。微分すると、

$$f'(x)=-10x+2 \Rightarrow カップ麺Aの最大ポイントは x=\frac{1}{5}$$

$$g'(x)=-4x+1 \Rightarrow カップ麺Bの最大ポイントは x=\frac{1}{4}$$

よって、和の微分は

$$\{f(x)+g(x)\}'=f'(x)+g'(x)=(-10x+2)+(-4x+1)$$
$$=-14x+3$$

「微分して0」より、$-14x+3=0 \Rightarrow x=\dfrac{3}{14}$　← A+Bの最大ポイント

> A単独の最大ポイントは $x=\dfrac{1}{5}$
> B単独の最大ポイントは $x=\dfrac{1}{4}$
> だから、$x=\dfrac{3}{14}$ はその間ということ。
> 無難なところに落ち着いたといえるだろう。

> 積の微分

売上額（販売個数×単価）を最大にするポイントを求める

別々に変化する2つの関数の積も、まとめて微分して最大ポイントを求めよう！

2つの関数の積

　今度は、売上額（＝販売個数×単価）が最も大きくなるスープ濃度を求めたい。スープ濃度は粉末スープの量に比例するので、スープ濃度が高くなるほど材料費が上がり、単価は高くなる。しかし、あまり濃すぎると満足度が下がり、販売個数に影響する。ここでは、「積」が最大になるように両者のバランスを考える必要がある。

> お、なかなかイケル！
>
> 単純にモニター支持率の高いスープ濃度にしておけばいいって話じゃないんスか？
>
> 残念ながらそれで売上額が最大になるとは限らんのだよ

積の微分

販売個数のグラフ

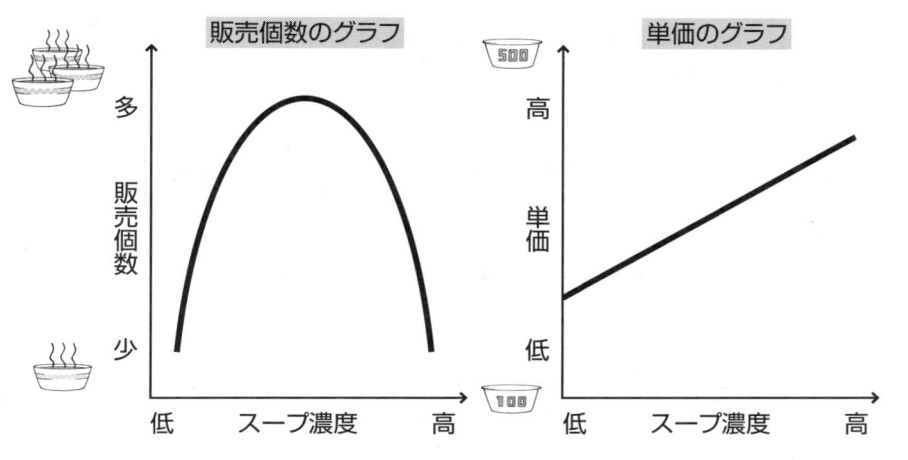

単価のグラフ

第2章 微分入門

売上額＝販売個数×単価

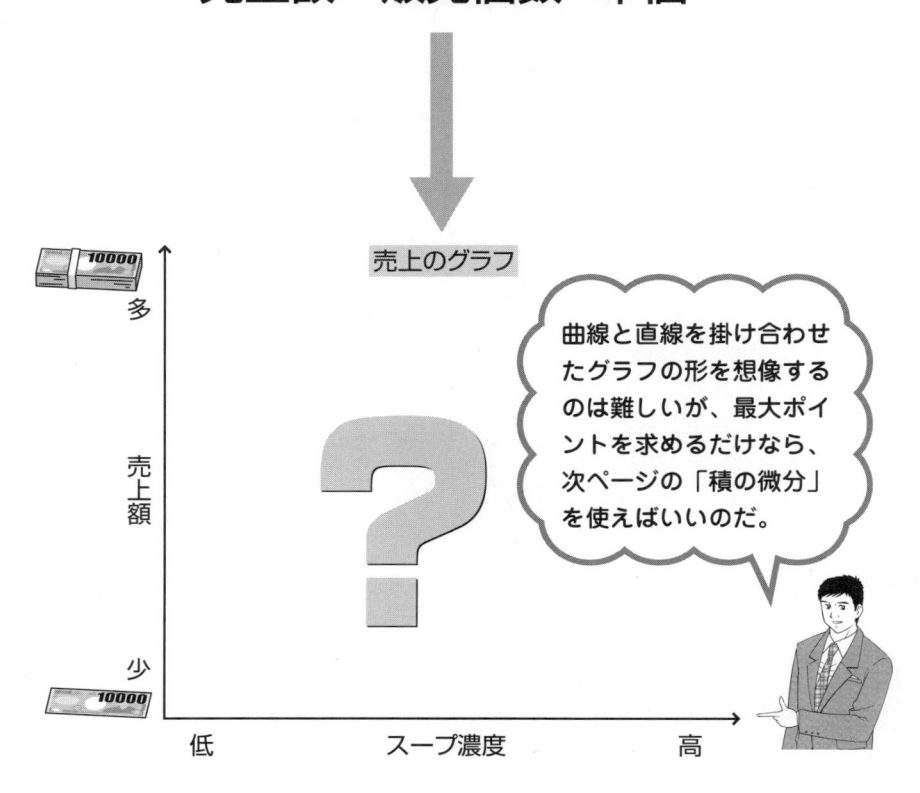

売上のグラフ

> 曲線と直線を掛け合わせたグラフの形を想像するのは難しいが、最大ポイントを求めるだけなら、次ページの「積の微分」を使えばいいのだ。

2つの関数の積の最大・最小

カップ麺の販売個数の見込みは、スープ濃度を変数xとする関数$f(x)$になっている。また、単価もスープ濃度を変数xとする関数$g(x)$として表すことができたとしよう。この状況で、売上額を最大にするようなスープ濃度を求めたい。数学の言葉でいうと、変数xを共通としたときの2つの関数$f(x)$と$g(x)$の積 "$f(x) \times g(x)$" の最大ポイントを求めたいということだ。

ただし、販売個数と単価を表す関数を、それぞれ「微分して0」にして最大ポイントを求めるのはナンセンスである。スープ濃度が高くなるほど粉末スープの量が多くなり、単価も高くなるので、そもそも単価については最大ポイントと呼べるところはない。

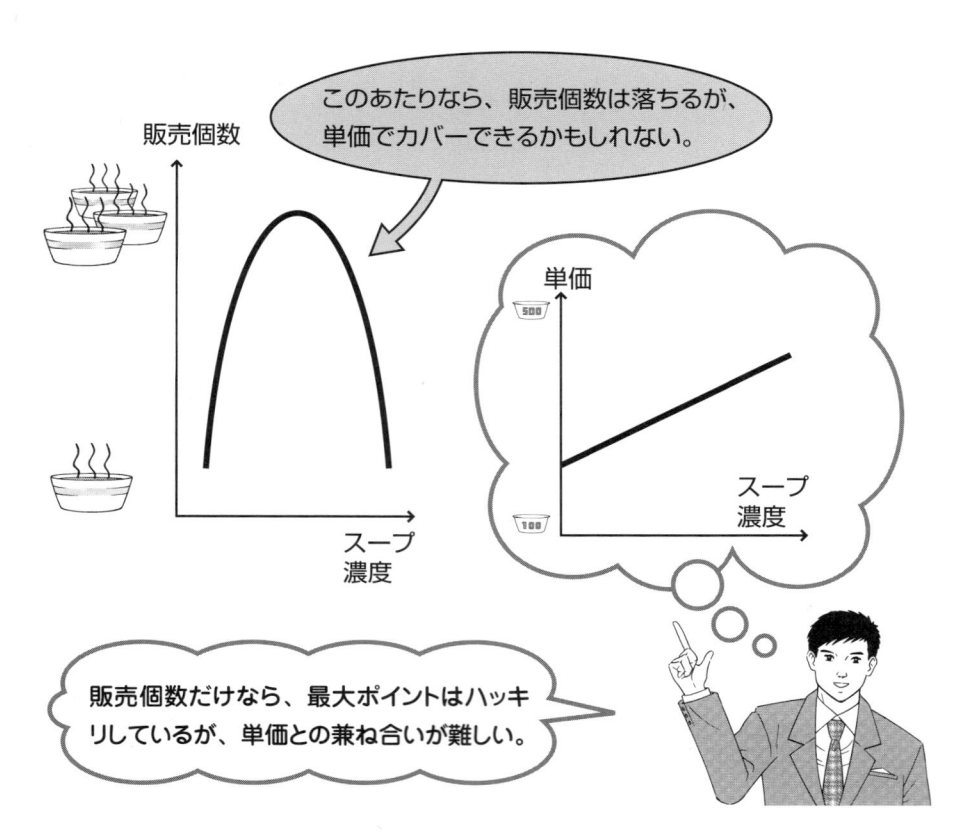

積の微分

ここでも、関数を「微分して0」の方法を使う。関数の積 "$f(x) \times g(x)$" を新しい1つの関数とみなして、「微分して0」を使えばいい。

積の微分

$$\{f(x) \times g(x)\}' = f'(x) \times g(x) + f(x) \times g'(x)$$

前を微分×後ろそのまま＋前そのまま×後ろを微分

$$\{f(x) \times g(x)\}' \neq f'(x) \times g'(x)$$

微分してから掛けるのはダメ！

例 売上額を最大にするスープ濃度

スープ濃度 x のときの販売個数を $f(x) = -5x^2 + 2x + 5$、単価を $g(x) = x + 2$ とする。

微分すると、

$$f'(x) = -10x + 2, \quad g'(x) = 1$$

よって、積の微分は、

$$\begin{aligned}\{f(x) \times g(x)\}' &= f'(x) \times g(x) + f(x) \times g'(x) \\ &= (-10x + 2) \times (x + 2) + (-5x^2 + 2x + 5) \times 1 \\ &= -10x^2 - 20x + 2x + 4 - 5x^2 + 2x + 5 \\ &= -15x^2 - 16x + 9\end{aligned}$$

「微分して0」より、$-15x^2 - 16x + 9 = 0 \Rightarrow 15x^2 + 16x - 9 = 0$

解の公式より、$x = \dfrac{-16 \pm \sqrt{16^2 - 4 \times 15 \times (-9)}}{2 \times 15} = \dfrac{-16 \pm \sqrt{796}}{30}$

$x > 0$ なので、±のマイナスの方は捨てる。

よって、$x = \dfrac{-16 + \sqrt{796}}{30} = 0.4071\cdots$

> ちょっと濃いめのスープが儲かるよ。

差の微分
利益（売上－材料費）を最大にするポイントを求める

2つの関数の差を最大にする方法を学ぼう！
いろいろな場面に応用できるぞ。

2つの関数の差

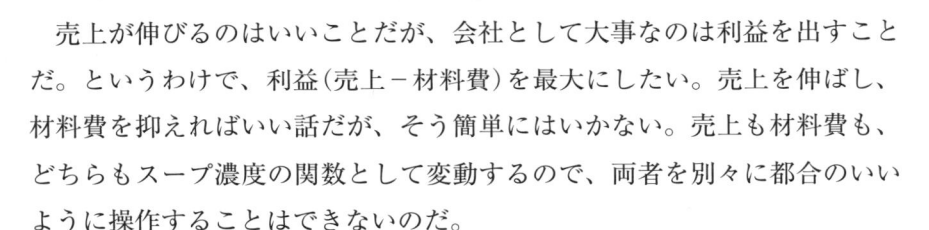

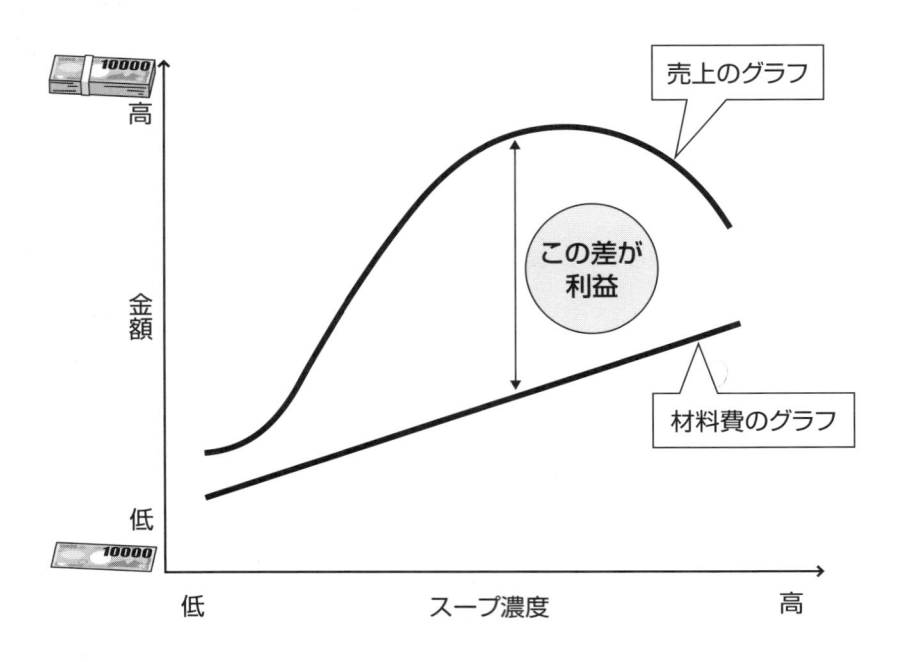

　売上が伸びるのはいいことだが、会社として大事なのは利益を出すことだ。というわけで、利益（売上－材料費）を最大にしたい。売上を伸ばし、材料費を抑えればいい話だが、そう簡単にはいかない。売上も材料費も、どちらもスープ濃度の関数として変動するので、両者を別々に都合のいいように操作することはできないのだ。

差の微分

ところで、売上と支出の差である「利益」は、より一般的に「メリットとデメリットの差」というふうに拡張できる。この点に着目すると、「関数の差」はいろいろに応用できるとわかるだろう。たとえば、下のような「ベストなポイント」も関数の差からわかる。もちろん、メリット、デメリットのそれぞれを関数で表せることが前提だが。

例1 たばこ売上からの税収を確保しつつ、たばこ関連の医療費を抑えたい場合。

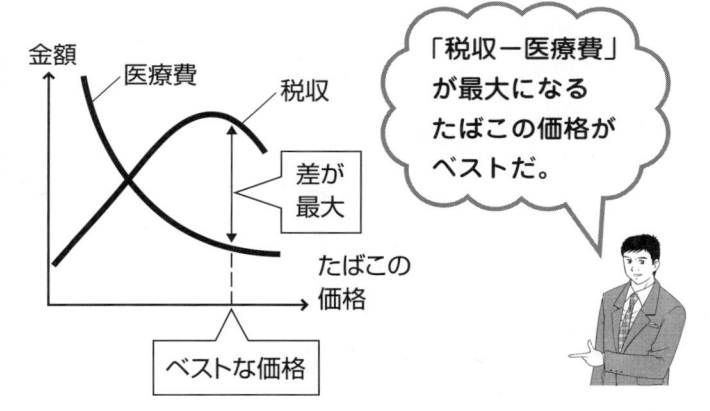

「税収ー医療費」が最大になるたばこの価格がベストだ。

例2 教師がテスト問題を作成するにあたり、なるべく多くの生徒が課題を見つけ（つまりは間違え）、かつあきらめる生徒が少ない方がよいと思っている場合。

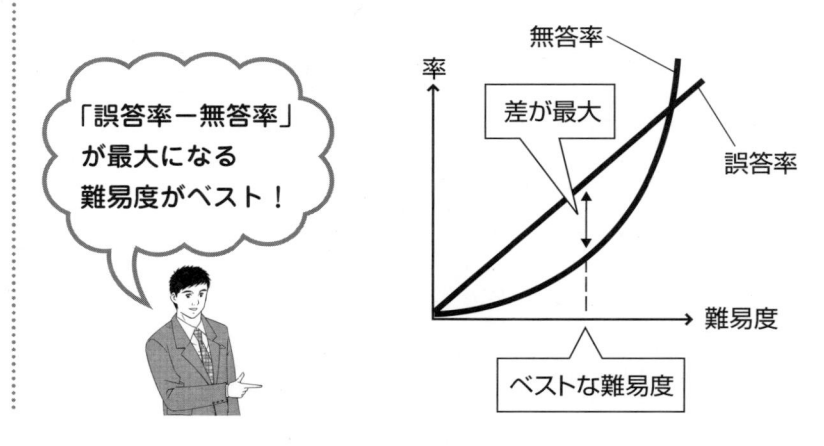

「誤答率ー無答率」が最大になる難易度がベスト！

2つの関数の差の最大・最小

　利益、つまり「売上と材料費の差」を最大にしたい。売上も材料費もともにスープ濃度の関数であるから、変数 x を共通としたときの2つの関数 $f(x)$ と $g(x)$ の差 "$f(x) - g(x)$" の最大ポイントを求めるという問題だ。

　売上＝販売個数×単価で、販売個数も単価もスープ濃度の関数だから、実際のところは3つの関数があるのだが、前節で「販売個数×単価」を1つの関数とみなしたことを思い出そう。

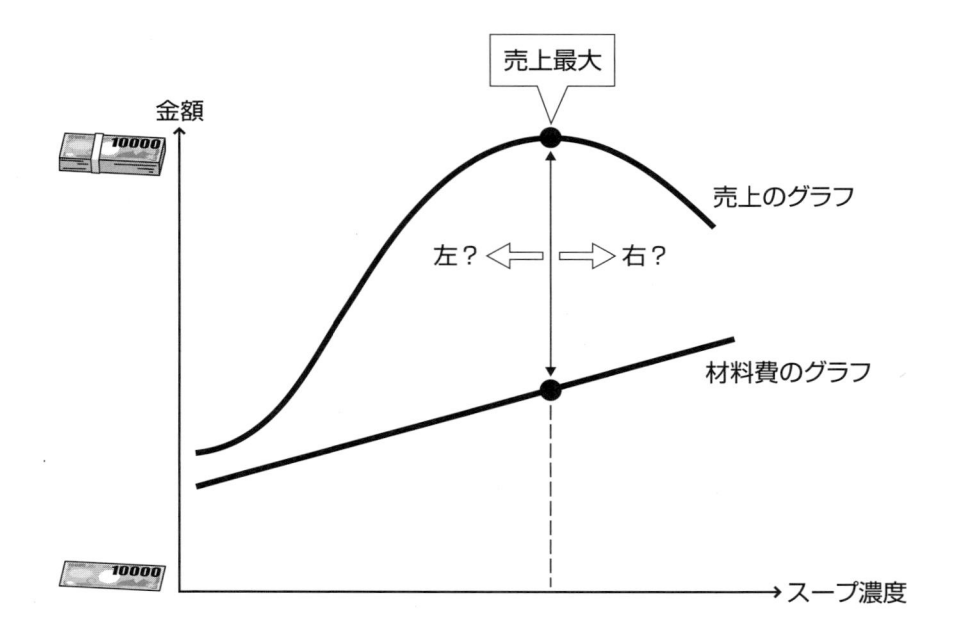

売上最大

金額

売上のグラフ

左？ ⇦ ⇨ 右？

材料費のグラフ

スープ濃度

売上最大のポイントを基準にして考えると、それより右側では「差」は縮まるのでNGである。左側では、売上・材料費ともに下がっているので、どちらの下がり具合が大きいかが問題になる。

差の微分

2つの関数$f(x)$、$g(x)$の差 "$f(x)-g(x)$" の最大ポイントを求めるには、$f(x)-g(x)$を新しい関数として、「微分して0」を使えばよい。

差の微分

$$\{f(x)-g(x)\}' = f'(x) - g'(x)$$

引いてから微分する　微分してから引く

例　利益を最大にするスープ濃度

スープ濃度xのときの販売個数を$f(x)=-5x^2+2x+5$、単価を$g(x)=x+2$、材料費を$h(x)=x+1$とする。

微分すると、

$$\{f(x) \times g(x)\}' = -15x^2 - 16x + 9 \quad \leftarrow 67\text{ページの売上の微分}$$
$$h'(x) = 1$$

よって、差の微分は

$$\{f(x) \times g(x) - h(x)\}' = \{f(x) \times g(x)\}' - h'(x)$$
$$= -15x^2 - 16x + 9 - 1$$
$$= -15x^2 - 16x + 8$$

「微分して0」より、$-15x^2 - 16x + 8 = 0 \Rightarrow 15x^2 + 16x - 8 = 0$

解の公式より、$x = \dfrac{-16 \pm \sqrt{16^2 - 4 \times 15 \times (-8)}}{2 \times 15} = \dfrac{-16 \pm \sqrt{736}}{30}$

$x > 0$なので、±のマイナスの方は捨てる。

よって、$x = \dfrac{-16 + \sqrt{736}}{30} = 0.3709\cdots$

売上最大のスープ濃度より薄めがいいということだ。材料費が効いているということだろう。

> 商の微分
利益率（利益÷売上）を最大にするポイントを求める

「○○率」といえば、割り算が付き物。2つの関数の商を最大にする方法を学ぼう！

2つの関数の商

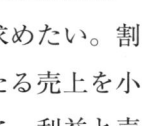

今度は、利益率（＝利益÷売上）が最大になるスープ濃度を求めたい。割り算なので、分数の分子にあたる利益を大きくし、分母にあたる売上を小さくすれば、利益率は上がる。しかし、もうおわかりのように、利益と売上は、ともにスープ濃度の関数になっているので、一方を上げて他方を下げるというやり方ではうまくいかない。

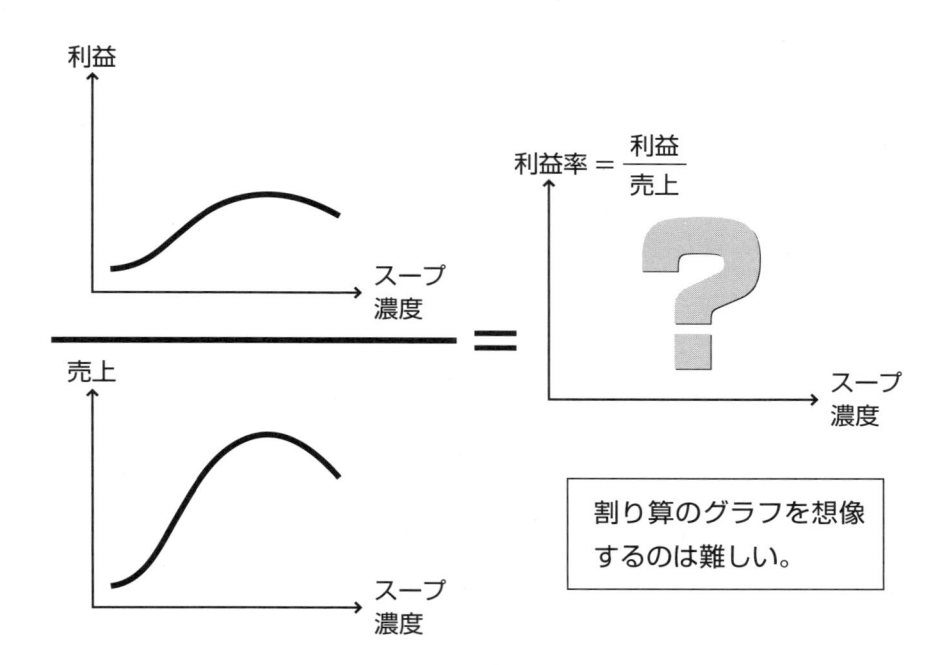

$$\frac{\text{利益のグラフ}}{\text{売上のグラフ}} = \text{利益率} = \frac{\text{利益}}{\text{売上}} \quad ?$$

割り算のグラフを想像するのは難しい。

商の微分

+α 「〇〇率」の話

　ビジネスには「〇〇率」という言葉がよく出てくる。利益率はその代表であるが、利益率の中にも売上総利益率（粗利益率）、売上高営業利益率、売上高経常利益率などがある。重要なのは「何に対する何の割合」であるかということだ。上の3つの利益率は、いずれも売上高に対する各種利益の割合である。総資本経常利益率なんていうのもあるが、これは総資本に対する経常利益の割合である。「〇〇率」といわれたら、分母と分子が何であるかに注意しよう。

第2章　微分入門

　17ページでは割り算の重要性について説明したが、割り算するだけで満足してはならない。割り算をした結果、つまり割り算の商がどれくらいの大きさになるかを分析し、よりよい値になるように調整することが重要なのだ。

売上が伸びれば何でもいいとでも思っているのか!?

バカ者!!

数はさばけても利益率度外視ならボランティアと同じだ!!

割り算が重要ということか……

わかっているのか!!

利益率をはじき出す関数を作っておいてくれ

私もかつて　その重要性を上司から教わったんだ

2つの関数の商の最大・最小

利益を表す関数を$f(x)$、売上を表す関数を$g(x)$とすると、利益率は$f(x)$を$g(x)$で割った商"$f(x) \div g(x)$"となる。目標は、変数xを共通に持つ2つの関数$f(x)$、$g(x)$に対して、$f(x) \div g(x)$の最大ポイントを求めることである。

「利益＝売上－材料費」であり、「売上＝販売個数×単価」であるから、利益率を表す関数は、販売個数、単価、材料費という3つの関数に分解することができる。それらが各々、スープ濃度の関数として変化していくわけだ。

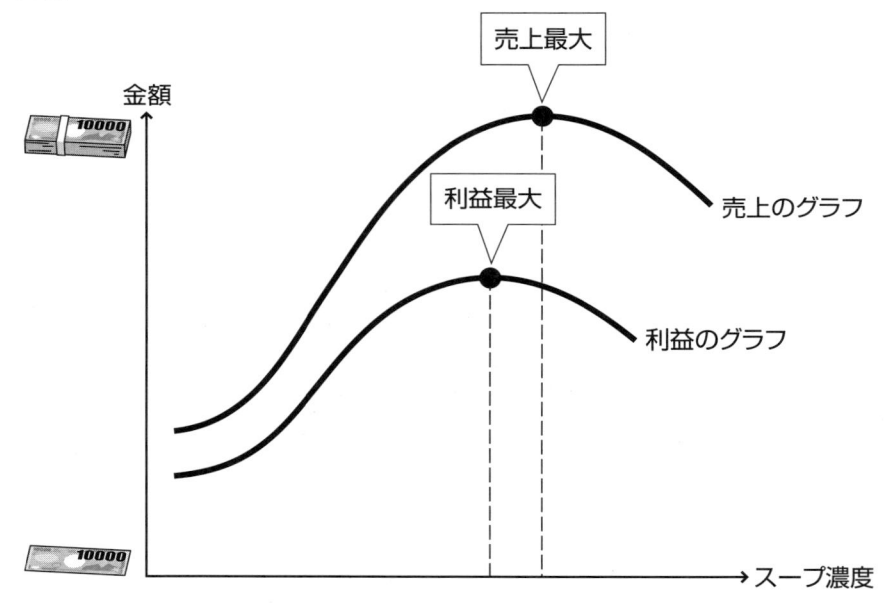

金額

売上最大
利益最大
売上のグラフ
利益のグラフ

→スープ濃度

> 上のグラフでは、スープ濃度が増すにつれて、売上・利益ともに上がっていき、まず利益が最大ポイントに達する。その後、利益は下がるが売上は上がっていき、今度は売上が最大ポイントに達する。その後は、売上・利益ともに下がっていく。微分は、この変化をとらえて、利益率（＝利益÷売上）の最大ポイントを求めるのだ。

商の微分

これまでと同様に、$f(x) \div g(x)$ を新しい1つの関数とみて、「微分して0」の方法を使えばよい。

商の微分

$$\{f(x) \div g(x)\}' = \frac{f'(x) \times g(x) - f(x) \times g'(x)}{\{g(x)\}^2}$$

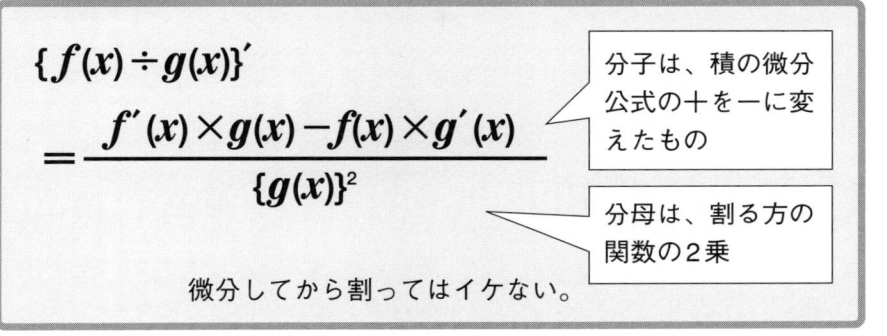

分子は、積の微分公式の＋を－に変えたもの

分母は、割る方の関数の2乗

微分してから割ってはイケない。

例 利益率を最大にするスープ濃度

スープ濃度 x のときの利益を $f(x) = -5x^2 + 4x + 5$、売上を $g(x) = -5x^2 + 6x + 20$ とする。

微分すると、

$$f'(x) = -10x + 4、g'(x) = -10x + 6$$

よって、商の微分は

$$\{f(x) \div g(x)\}' = \frac{f'(x) \times g(x) - f(x) \times g'(x)}{\{g(x)\}^2}$$

$$= \frac{(-10x+4)(-5x^2+6x+20) - (-5x^2+4x+5)(-10x+6)}{(-5x^2+6x+20)^2}$$

$$= -\frac{10(x^2+15x-5)}{(-5x^2+6x+20)^2}$$

「微分して0」より、$x^2 + 15x - 5 = 0$ ←分子＝0

解の公式より、$x = \dfrac{-15 \pm \sqrt{15^2 - 4 \times 1 \times (-5)}}{2 \times 1} = \dfrac{-15 \pm \sqrt{245}}{2}$

よって、$x = \dfrac{-15 + \sqrt{245}}{2}$ ←±のマイナスの方は捨てる。

$= 0.3262\cdots$

偏微分

商品を構成する要素のベストマッチを求める

変動要因が2つあるときは、1つを固定して考えよう！

2つの変数を持つ関数

　スープ濃度の調整の甲斐あって、売上は順調、利益率も上がってきたようだが、麺の太さを変えてみれば、消費者の満足度はもっと上がるのではないか。そう考え、スープ濃度だけでなく麺の太さも変えて、モニター調査を行った。こうして満足度は、スープ濃度の関数であり、麺の太さの関数となった。2つの変数を持つ関数である。

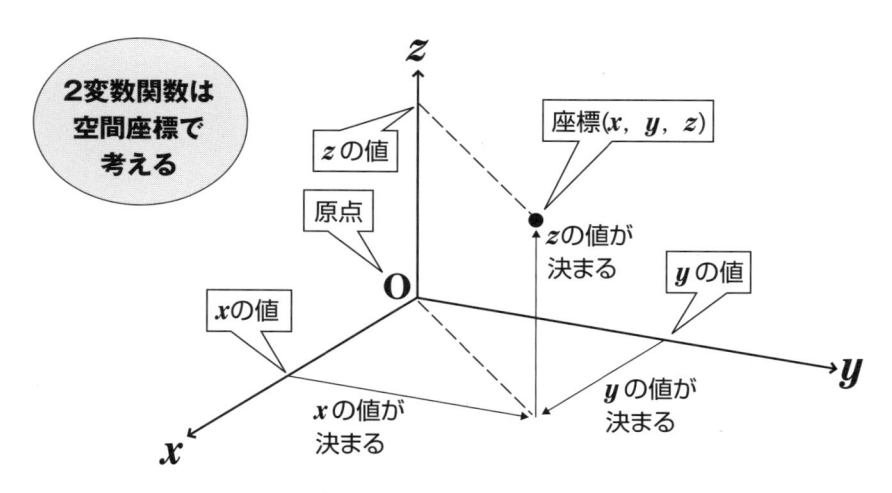

2変数関数は空間座標で考える

- zの値
- 原点
- 座標(x, y, z)
- zの値が決まる
- yの値
- xの値
- xの値が決まる
- yの値が決まる

　36〜37ページで見たように、$y=f(x)$のグラフはx軸とy軸が作る平面上の曲線になった。$z=f(x, y)$のグラフは、x軸、y軸、z軸の3つの軸が作る空間内の曲面となる。xとyの値の組(x, y)が決まると、zの値がただ1つに決まり、曲面上の点(x, y, z)が決まる。

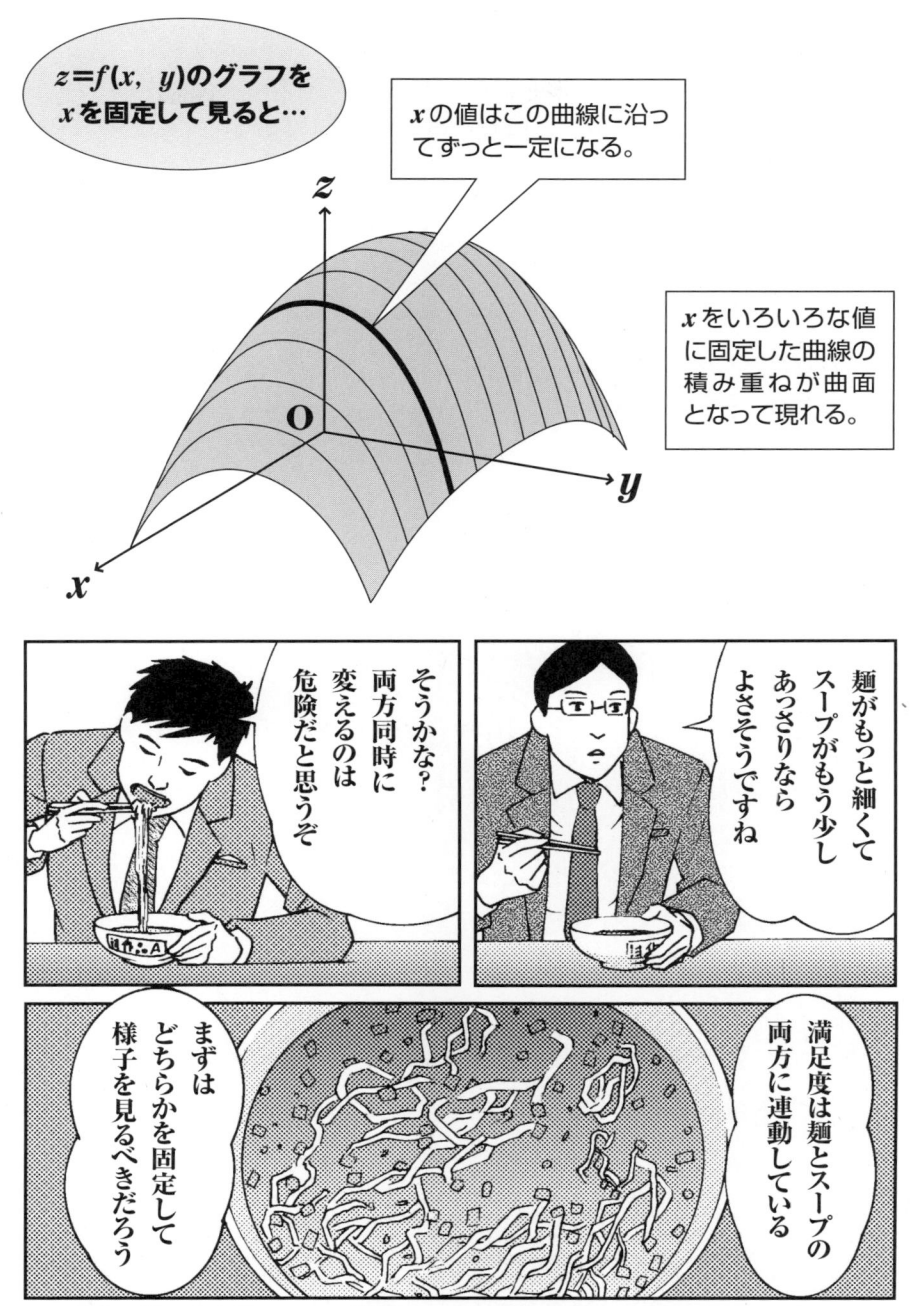

偏微分

$z=f(x, y)$のグラフをxを固定して見ると…

xの値はこの曲線に沿ってずっと一定になる。

xをいろいろな値に固定した曲線の積み重ねが曲面となって現れる。

第2章 微分入門

麺がもっと細くてスープがもう少しあっさりならよさそうですね

そうかな？両方同時に変えるのは危険だと思うぞ

満足度は麺とスープの両方に連動している

まずはどちらかを固定して様子を見るべきだろう

この場合、麺の太さがx、スープ濃度がy、満足度がzというわけだ。

2変数関数の微分

ここまでは1つの変数を持つ関数を扱ってきたが、これからは2つの変数を持つ関数を考え、その変化を調べる方法を学ぶ。変数が2つになっても「微分係数」の値を調べるという方法は同じである。

2つの変数 x、y を持つ関数の微分のポイントは、一方の変数を固定し動かないようにして(変数ではなくただの数と思うということ)、他方の変数だけの関数として考えることである。たとえば、y を変数ではなく、ただの数だと思えばいい。そうすると、変数は x だけになり、変数1つの関数になる。この状態で微分することを「x で**偏微分**する」という。x と y の立場を逆転させた場合は「y で偏微分する」という。

偏微分

2つの変数 x、y を持つ関数 $f(x, y)$ について、

x で偏微分 → $f_x(x, y) = (y$ を固定して x で微分$)$

y で偏微分 → $f_y(x, y) = (x$ を固定して y で微分$)$

※ f の右下に小さな x、y をつけることで、どちらの変数で偏微分しているかを表している。

例

$f(x, y) = x^2 + 2xy + 3y^2 + 4x + 5y + 6$ を偏微分する。

x で偏微分するときは、変数は x だけに注目する。

$$f(x, y) = x^2 + 2xy + 3y^2 + 4x + 5y + 6$$

$$f_x(x, y) = 2x + 2y + 4$$

同様に y で偏微分すると、$f_y(x, y) = 2x + 6y + 5$

偏微分

偏微分のイメージ

yをある値に固定すると、zはxだけの関数になり、そのグラフとして曲線が現れる。

関数$z = f(x, y)$のグラフ（曲面）

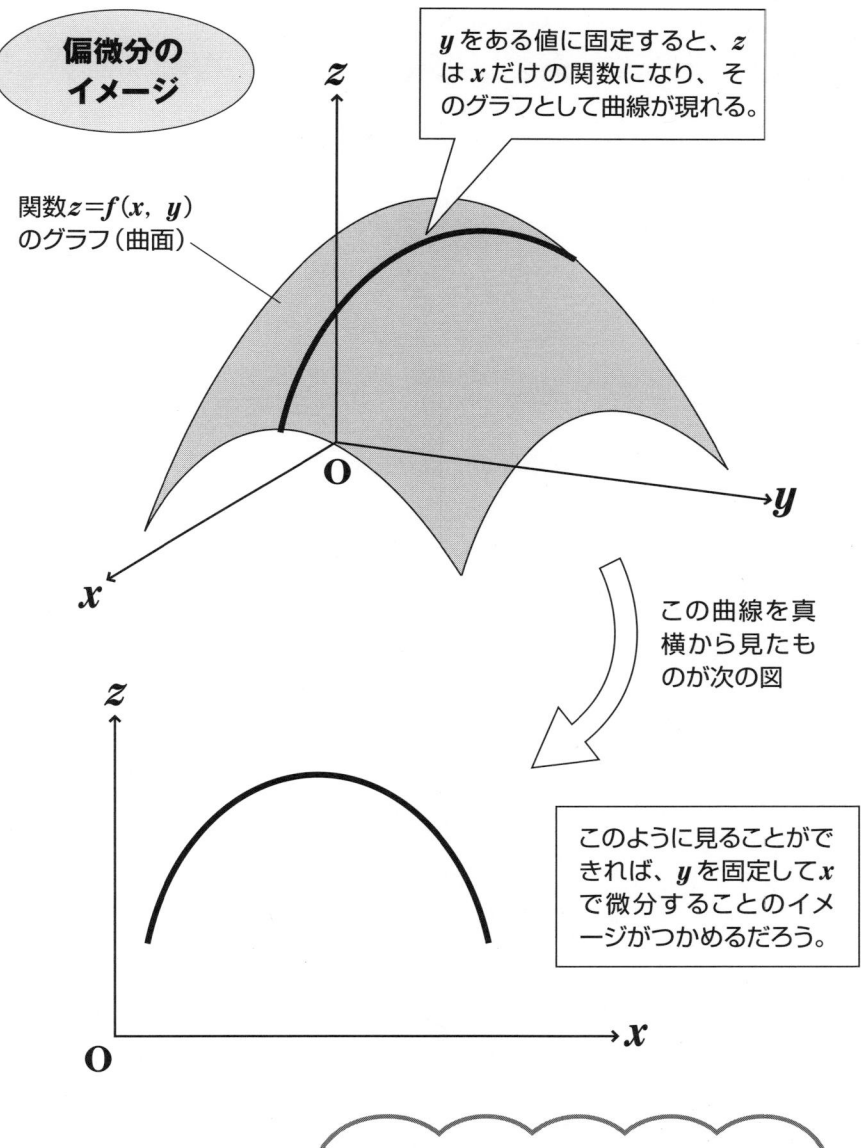

この曲線を真横から見たものが次の図

このように見ることができれば、yを固定してxで微分することのイメージがつかめるだろう。

第2章 微分入門

xで偏微分するときはyを固定して考えるが、偏微分が終わった後は、yの固定を解いてやり、再びx、yの2変数にするのだ。

2変数関数の最大・最小

変数が2つになっても「微分して0」の方針は変わらないが、微調整が必要である。2変数になり、「微分」が2通りになったので、

　　xで偏微分して0、yで偏微分して0

とするだけだ。

2変数関数$f(x, y)$の最大・最小ポイントの求め方

① 　yを固定して、xで偏微分　→　$f_x(x, y) = 0$
② 　xを固定して、yで偏微分　→　$f_y(x, y) = 0$
③ 　①、②それぞれの結果を0とおくと、xとyについての連立方程式ができる。その解が、**関数$f(x, y)$の最大・最小ポイントを与える候補点**となる。

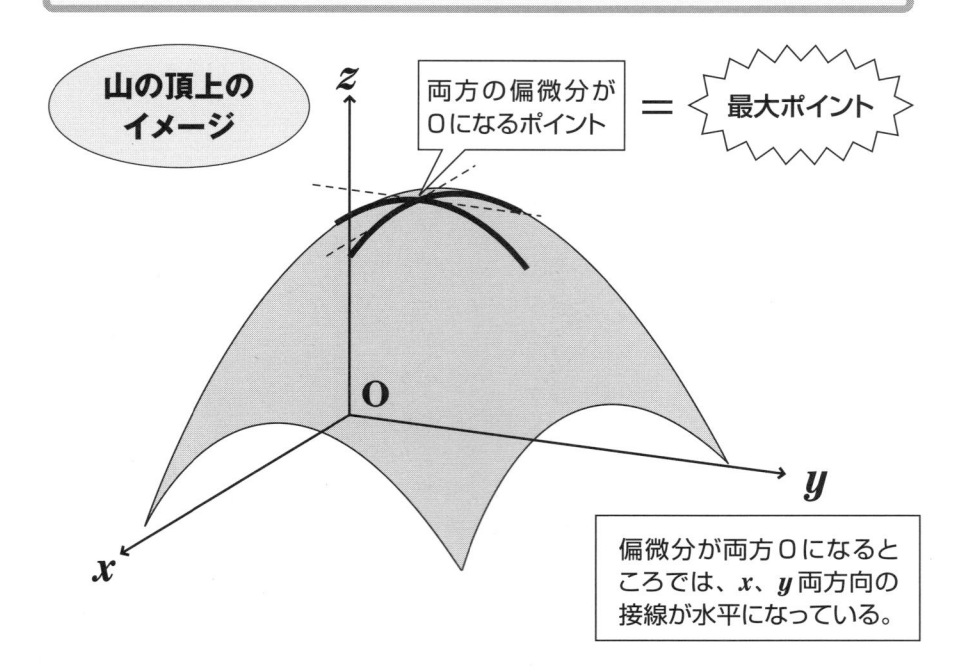

山の頂上のイメージ

両方の偏微分が0になるポイント ＝ 最大ポイント

偏微分が両方0になるところでは、x、y両方向の接線が水平になっている。

スープと麺のベストマッチ

満足度をスープ濃度xと麺の太さyの2変数関数として表し、満足度が最高になるようなx、yの値の組(x, y)を求めれば、究極のカップ麺の完成である。

モニター調査により、満足度$z = f(x, y)$は、

$$f(x, y) = -5x^2 + 2xy - 4y^2 + 3x + 2y + 1$$

という関数で表されることがわかった。これを用いて満足度の最大ポイントを求めてみよう。

① xで偏微分

$f_x(x, y) = -10x + 2y + 3$ ←yを定数だと思って、xで微分

② yで偏微分

$f_y(x, y) = 2x - 8y + 2$ ←xを定数だと思って、yで微分

①、②から連立方程式を作ると、

$$\begin{cases} -10x + 2y + 3 = 0 \\ 2x - 8y + 2 = 0 \end{cases}$$

これを解くと、

$x = \dfrac{7}{19}$、$y = \dfrac{13}{38}$ ←31ページの加減法か代入法を使おう

究極のカップ麺の完成だ！

COLUMN

数学的には、宝くじはこう買うのが正しい

　前のコラムで「ウェーバー・フェヒナーの法則」を紹介した。それによると、人間の感覚は対数的に増加する。刺激の量が小さいうちは少し増加しただけで刺激が強くなったように感じるが、刺激の量が大きくなると、より多く増加しないと強くなったように感じない。普通の刺激ではだんだん物足りなくなってくることは誰もが経験していることだろう。

　たとえば、ビールは最初の1杯目がとりわけうまい。2杯目、3杯目もそれなりにうまい。しかし、杯を重ねるごとにビール独特ののどごしや苦みは薄れていく。いや、ビールが薄くなったのではもちろんない。味覚が飽和して感じ方が鈍くなったのだ。人間の欲望も同じで、より多くの利益を求め出すと、少しの利益では満足できなくなってしまう。

　経済学では、商品やサービスによって得られる満足度を「効用」といい、商品やサービスが1つ増えるごとに得られる効用を「限界効用」という。ビールにたとえると、最初の1杯かもしれないし、10杯飲んだ後の1杯かもしれないが、とにかく1杯飲んだときの満足度が限界効用だ。ビールの限界効用は、杯を重ねるにしたがって小さくなっていく。このように、消費が増えるにしたがって限界効用がだんだん低下（逓減）していくことを「限界効用逓減の法則」という。

限界効用逓減の法則を、宝くじを購入する場合にあてはめて考えると、宝くじの賢い買い方が見えてくる。

　確率の話をすれば、1ユニット1000万枚のうち1等は1枚なので、1枚買ったとき1等が当たる確率は1000万分の1である。2枚買えば確率は2倍の1000万分の2となり、3枚買えば1000万分の3、というように、当せん確率は2倍、3倍と大きくなっていく。もちろん1ユニット全部買い占めれば、必ず1等から7等まで当たるが、戻ってくるお金は半分以下なので大損である。ギャンブル全般についていえることだが、宝くじも損をするようにできているのだ。確率的には、宝くじは買わないのがよい。

　確率的には損をするとわかっていても、人は宝くじを買ってしまう。なぜかといえば、それは夢があるからだ。そこで、宝くじを1枚追加購入したときに得られる新たな夢の大きさを、宝くじの限界効用と定義しよう。たとえば10枚買うのと20枚買うのとでは、20枚買った方が夢は膨らむ。しかし、1000枚買うのと1010枚買うのでは、ほとんど変わらないだろう。このように考えると、宝くじの購入も一種の限界効用逓減の法則に従うといえる。

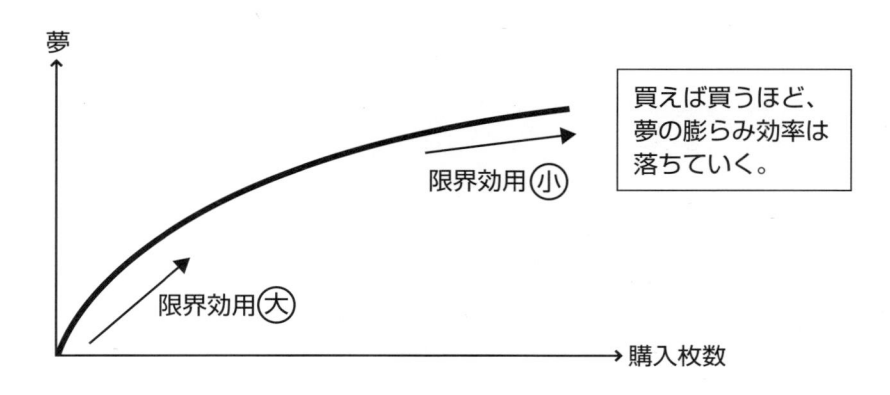

買えば買うほど、夢の膨らみ効率は落ちていく。

　買わなければ夢は追えない。しかし夢の増え方は、買えば買うほど緩やかになっていくし、予算も限られている。夢と現実の究極のバランスをとるなら、宝くじは1枚だけ買って抽せん日を待つのがよいのではないか。

COLUMN

　だんだん刺激に慣れて、よほど大きな刺激がないと、変わったと感じられないというのは人間の本質的な特性である。自由主義経済の社会では、魅力的な製品を開発して、売上を伸ばすのが企業の仕事だ。しかし、毎年毎年、新製品を開発していくのは難しい。そこで、機能をたくさんつけたりデザインに凝ったりして、本質とは離れたところで付加価値を高めていく。しかし、付加価値をつけ続けると「限界効用逓減の法則」が発動されて、消費者はいつかは魅力を感じなくなり、製品が売れなくなってしまう。

　日本の携帯電話がまさにそれで、根本的なイノベーションがないままに、付加価値ばかりつけて多機能化をはかることで、消費を向上させてきたが、iPhoneなど、まったく新しいアプローチで開発された外国製品の前には魅力が少なくなりつつある。

　顧客満足度を常に向上させていくには、あらゆるファクターを入れることで、「限界効用逓減の法則」に見られるようなグラフの変化を打ち破る方策が必要だ。そのために必要なのが微分積分なのだ。

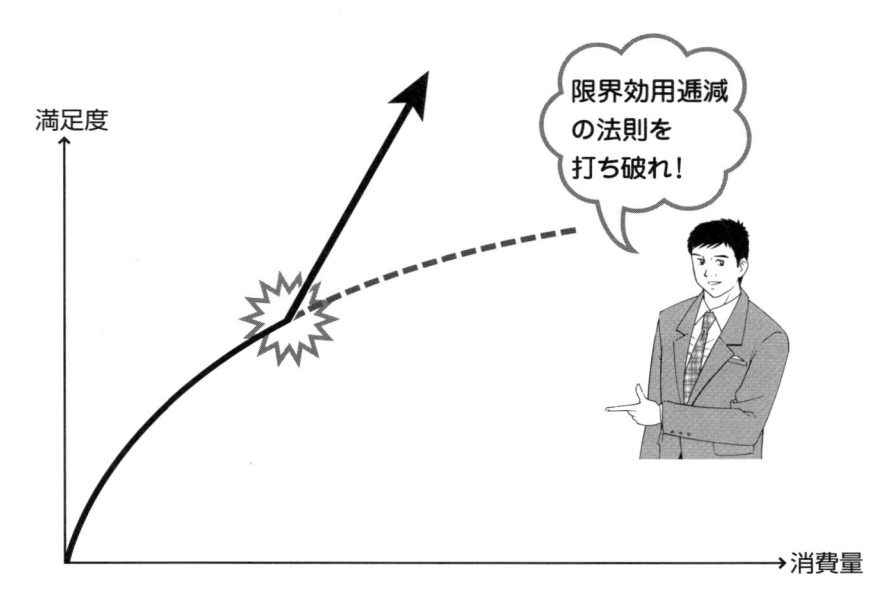

（グラフ：縦軸「満足度」、横軸「消費量」）

限界効用逓減の法則を打ち破れ！

第3章
積分入門

物事の変化のようすを見て、「どの程度？」を求める

――効率の良い勤務シフトとは？――

○本章のねらい
単純な状況設定と単純な数字で積分の基本原理・基本計算を学ぶ。

○状況設定
家電製品のユーザーサポートを行うコールセンターに、常時30人が張り付いている。しかし、電話の件数には波があり、この体制ではあまりにも効率が悪い。そこで常勤者を5人とし、他に必要な人員は忙しさに応じて登録パートタイマー、アルバイターでまかなうことに決めた。

新製品の発売見通しが立ったところで、過去のデータと積分を活用し、向こう半年間における問い合わせ件数の推移を予測して、最適な週別勤務シフトを構築する。

「面積」の見方
縦軸が「経費」を表すなら、グラフが作る面積は「経費の蓄積」と意味づけされる

> 瞬間の変化だけでなく、変化の蓄積に注目すると、新しい世界が見えてくる。

　変数 y が変数 x の関数であるとき、そのグラフは x の値を横軸に、y の値を縦軸に表した平面上にかくことができる。たとえば、x が時間、y が経費だとしよう。経費 y 円は、時間 x の関数である。時間を指定してやれば、その時点で経費がいくらかかっているかがわかるということだ。経費は刻一刻と変化しているだろうから、そのグラフは次の図のようになる。

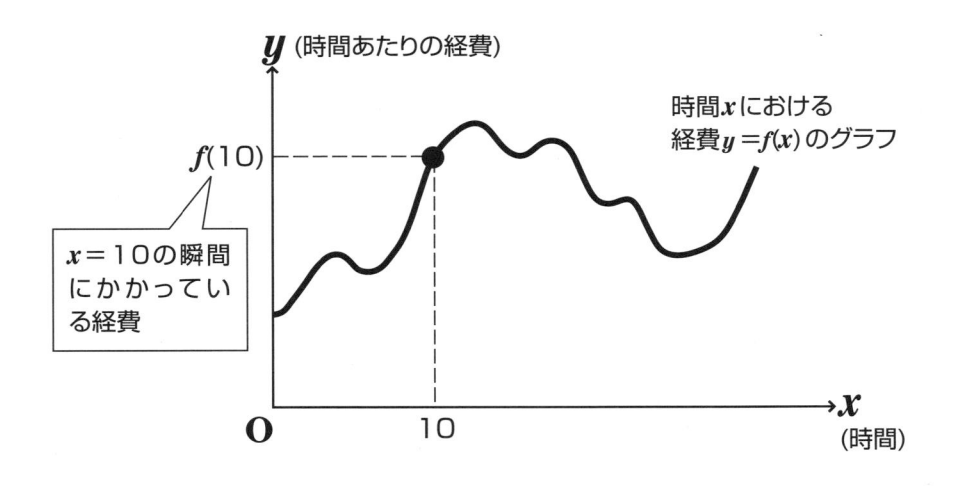

y（時間あたりの経費）

時間 x における経費 $y = f(x)$ のグラフ

$f(10)$

$x = 10$ の瞬間にかかっている経費

O　　　10　　　　　　　　　x
　　　　　　　　　　　　（時間）

　グラフで経費を表す曲線と時間軸（横軸）とで囲まれる部分の面積（これを「グラフが作る面積」と呼ぶことにする）は、経費の「時間的蓄積量」を表す。グラフが作る面積というのは、たとえば、$x = 10$ という時点までに合計でどれだけの経費がかかったかを表しているのだ。

「面積」の見方

y (時間あたりの経費)

グラフが作る面積 ＝経費の蓄積

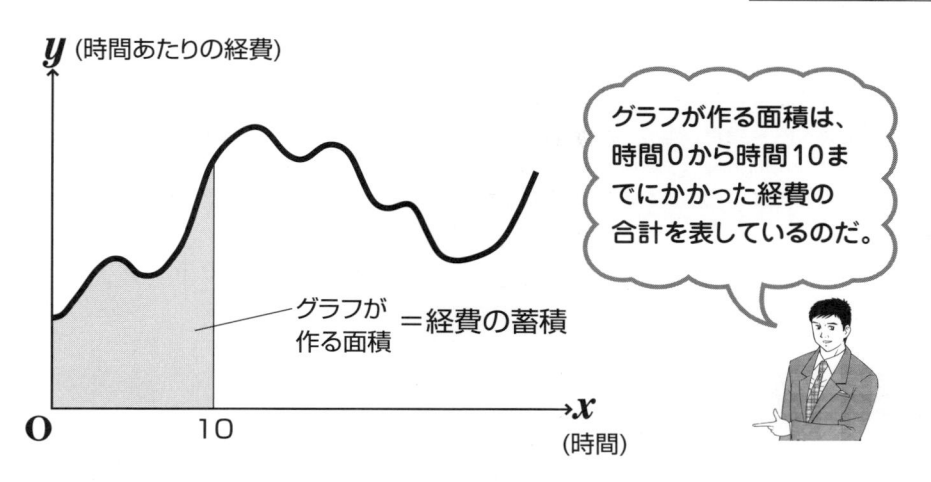

10 (時間)

> グラフが作る面積は、時間0から時間10までにかかった経費の合計を表しているのだ。

第3章 積分入門

　グラフが作る面積を求めることは、大雑把にいえば「縦軸の量×横軸の量」ということである。17ページの「単位あたりの量×単位数」と同じ考え方でよい。「時間あたりの経費×時間＝総経費」ということだ。長方形の面積を求める場合と似ているが、グラフが作る面積は長方形とは限らないので、計算には工夫が必要である。

> 誰もいないのねじゃあ経費節減！

ココをカット
消費電力
12 13 時刻

積分とは？
「経費の蓄積」は積分でわかる

細かく分割して足し合わせるという積分の考え方を学ぼう！

面積の求め方

　経費の蓄積は「グラフが作る面積」によって与えられることがわかった。では、実際のところ、その面積を求めるにはどうすればいいのか。ある瞬間の経費は縦線の長さで表される。その縦線が多数集まって、幅のある広がりを作るというイメージを持つといいだろう。関数のグラフのところでやった「点が集まって線になる」のと同じで、「線が集まって面になる」ということだ。

紙幣1枚の側面は線やけど……

これだけ集まるとかなりの面積になるやろ？

なるほど実に美しい"面"ですね

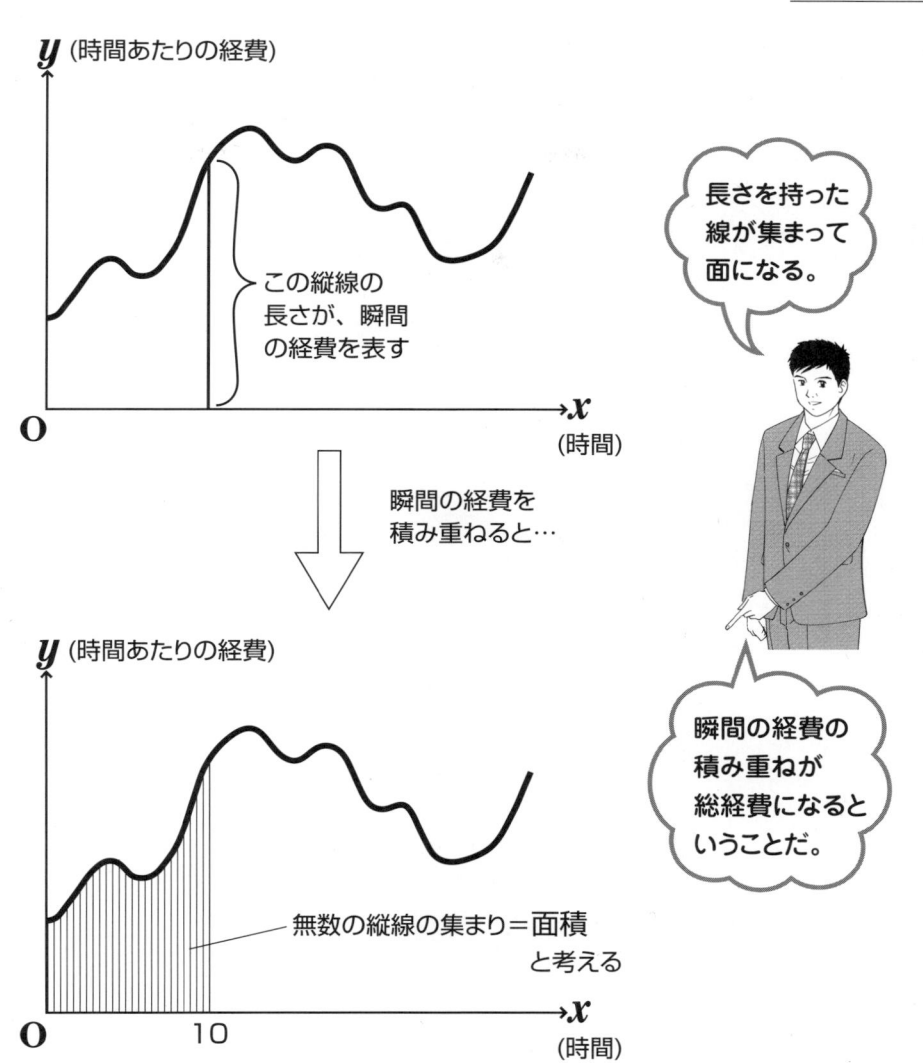

積分とは？

y (時間あたりの経費)

この縦線の長さが、瞬間の経費を表す

x (時間)

長さを持った線が集まって面になる。

第3章 積分入門

瞬間の経費を積み重ねると…

y (時間あたりの経費)

無数の縦線の集まり＝面積　と考える

10

x (時間)

瞬間の経費の積み重ねが総経費になるということだ。

＋α　速度と道のり

　上のグラフで y 軸の経費を速度に変えてやると、時間 x における速度 y になる。速度は単位時間あたりに進む距離であるから、この場合のグラフが作る面積は「距離の蓄積」、つまり進んだ道のりを表す。

無数の長方形の和

　厳密にいうと、「線」は幅を持たないので面積も持たない。だから、線がいくら集まっても面積は生まれない。そこで、面積を持たない線に、ちょっと横幅を持たせて長方形にしてみる。次の図3－1のように、グラフが作る面積を、たくさんの長方形の集まりで表すのだ。それぞれの長方形の面積を「縦×横」で求めて、最後に足し合わせるということである。

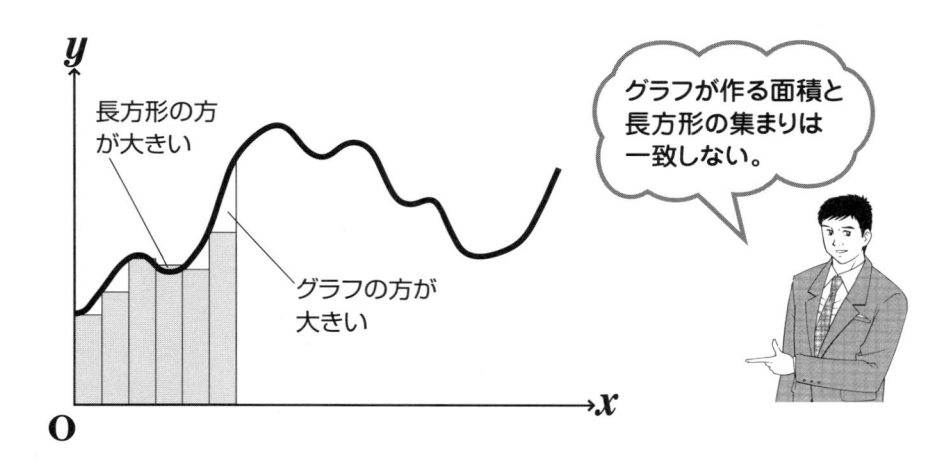

図3－1　グラフが作る面積を長方形で表す

　図3－1を見てわかるように、グラフが作る面積と長方形は一致しないので、面積を正確に表しているとはいえない。そこで、この長方形の横幅を短くしていってみよう。短くすればするほど、一致しない部分は少なくなっていく。

　長方形の横幅を縮めていくと、足し合わせる長方形の数は増えていくが、横幅が0に近づけば近づくほど正しい面積に近づいていく。横幅0だと長方形ではなくただの線になってしまい、面積が作れないという話に逆戻りしてしまうが、横幅を0にするわけではなく、限りなく0に近づけていくということだ。

積分とは？

長方形の横幅を縮めていくと……

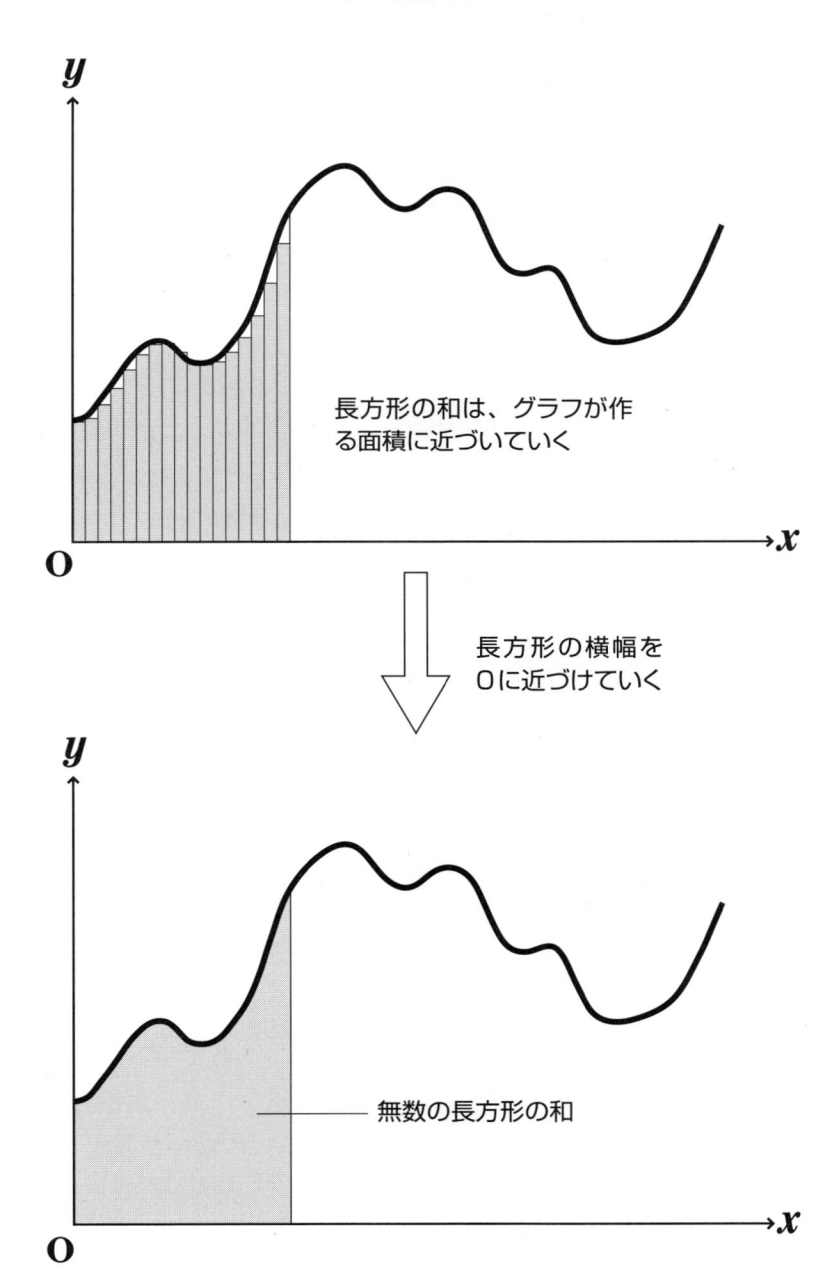

長方形の和は、グラフが作る面積に近づいていく

長方形の横幅を0に近づけていく

無数の長方形の和

第3章 積分入門

積分の公式

　長方形の横幅を0に限りなく近づけていった極限状態では、長方形の数は無限個になる。無限個の長方形の面積の和を計算するのは不可能である。本書は「面倒な計算はコンピュータに任せる」というスタンスに立っているが、ここは人間の手による数学を使わないと越えることはできない。詳しくは他書に譲ることにして、ここでは結果だけを見せることにしよう。

$y=x$ のグラフ

グラフが作る面積は $\dfrac{x^2}{2}$

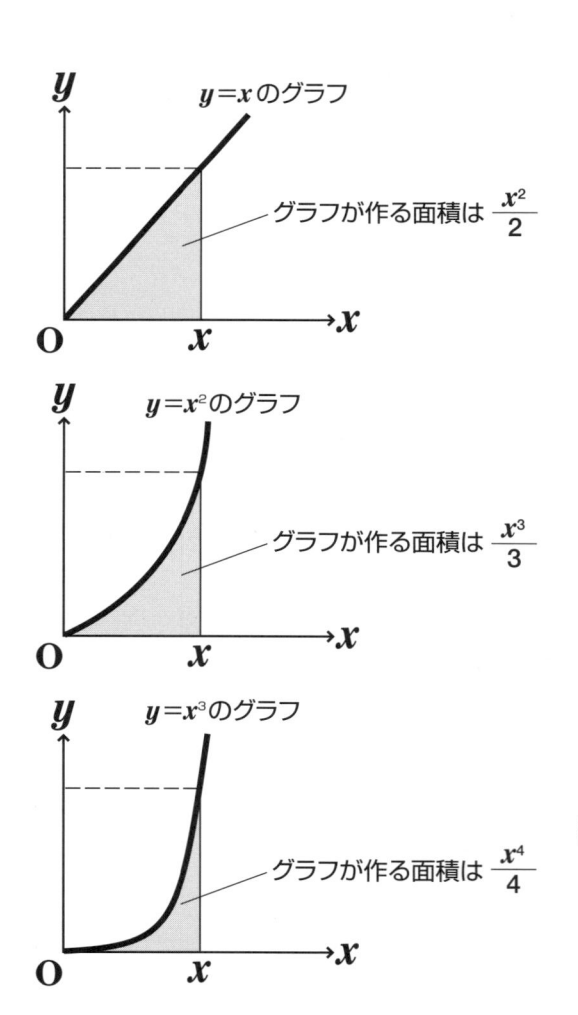

> 三角形の面積だから、底辺×高さ÷2でも求められる。
> $x \times x \div 2 = \dfrac{x^2}{2}$ だ。

$y=x^2$ のグラフ

グラフが作る面積は $\dfrac{x^3}{3}$

$y=x^3$ のグラフ

グラフが作る面積は $\dfrac{x^4}{4}$

> 曲線のグラフが作る面積もわかるのだ。この3つの面積を表す式を並べて眺めていると、何か規則性のようなものが見えてくる。わかるかな？

$y=f(x)$ のグラフが作る面積もまた x の関数と考えることができるから、それを $F(x)$ と書くことにしよう。今挙げた3つの例だと、

$$f(x)=x \quad \text{から} \quad F(x)=\frac{x^2}{2}$$

$$f(x)=x^2 \quad \text{から} \quad F(x)=\frac{x^3}{3}$$

$$f(x)=x^3 \quad \text{から} \quad F(x)=\frac{x^4}{4}$$

となる。$f(x)$ から $F(x)$ を求めることを**積分**という。$f(x)$ から $f'(x)$ を求めることを微分といったのと対応している。もう察しがつくと思うが、ここで積分の公式を掲げておこう。

積分の公式

$$f(x)=x^n \quad \text{を積分すると} \quad F(x)=\frac{x^{n+1}}{n+1}$$

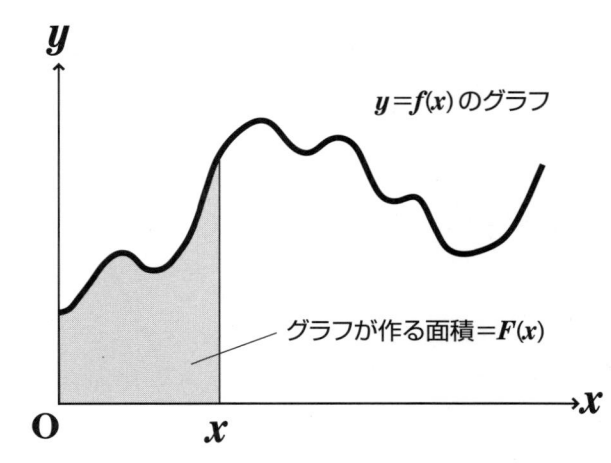

左の図のように複雑に変化するグラフが作る面積は、上の積分公式をいくつか組み合わせて求めることができる。

グラフが作る面積 = $F(x)$

データ→関数
「デジタル」な過去の実績データを「アナログ」な量に変換し、積分に備える

> 微積の力が発揮されるのはアナログの世界。デジタルからアナログへの変換方法を身につけよう！

最小二乗法

　ビジネスで扱うデータは、一つひとつバラバラの点の集合であるが、それらのデータ点をプロットしていくと、何かしらの傾向が読み取れるものである。あるいは、あたかも1つの曲線を描いているように見えるかもしれないが、しょせんは点の集合であり、連続量を対象とする微分や積分には向かない。微分や積分によるデータ分析を行うためには、データ点の集合を連続量の関数として表す必要がある。いわば、「デジタル」から「アナログ」への変換である。

　デジタル→アナログの変換を可能にする方法の1つが**最小二乗法**である。最小二乗法とは、与えられたデータ点を近似するグラフの関数を求める方法である。

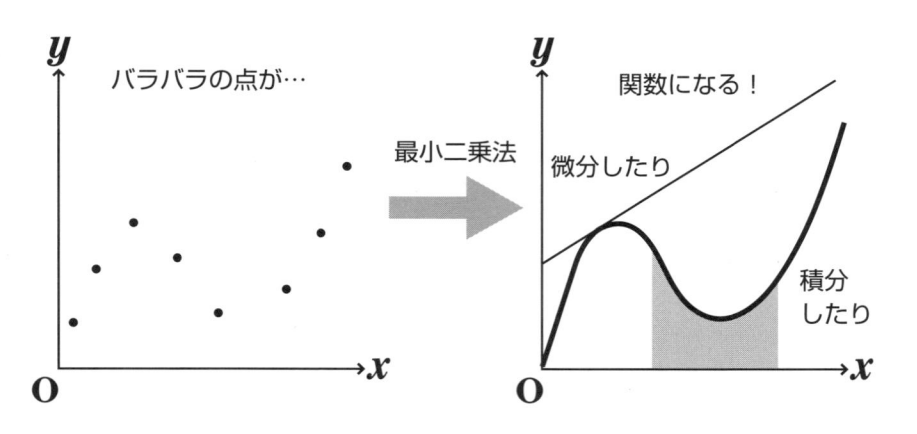

バラバラの点が… → 最小二乗法 → 関数になる！微分したり　積分したり

過去の経験からして、コールセンターにかかってくる問い合わせ件数の波には毎年一定のパターンがありそうだ。常時30人が張り付いている今のシフトは効率的ではない。過去の問い合わせ件数に関するデータを使えば、忙しさの波を予測することができるはずだ。

表3-1　過去の問い合わせ件数データ

瞬間	0	1	2	3	4	5	6	7	8
件数	50	100	120	?	?	70	?	30	20

残念ながらデータにはヌケがあり完全ではなかった。しかし最小二乗法を使って、データを関数で近似すれば、欠落している部分（表3-1の?部分）のデータを補うことができるだろう。また、関数として表しておけば、微分したり積分したりすることができるので、何かと便利である。

「顧客サポートは今や商品構成要素の一つですから軽視できません」

「しかしコールセンターの人員削減は可能です　問い合わせ件数は秒単位でも予測できますから」

「どうやって?」

「"最小二乗法"ですよ」

最小二乗法の原理

　最小二乗法は、与えられたデータ点を近似するグラフの関数を求める方法といったが、より正確にいうと「データと関数の差の2乗の和」を最小にするということになる。簡単な例で説明しよう。あるエリアにおける1日の最高気温とビールの消費量を調べたデータがある。

表3－2　最高気温とビール消費量

最高気温（度）	10	20	30
ビールの消費量 （×100リットル）	25	39	83

　最高気温を横軸に、ビールの消費量を縦軸にとって、表のデータをプロットすると、次の図3－2のようになる。

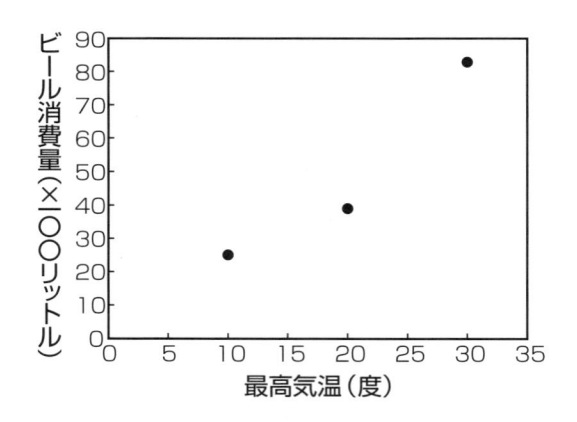

図3－2　最高気温とビール消費量のデータをプロットしたもの

　では問題だ。最高気温28度のときビール消費量はどれくらいになるだろうか？　ここで、最高気温が上がればビール消費量は直線的に伸びると考えよう。しかし、残念ながら3つのデータ点は一直線上にはない。それでもエイヤッとそれらしい直線をひいてみよう。この仮に定めた直線と3つのデータ点の差は次の図3－3のようになっている。

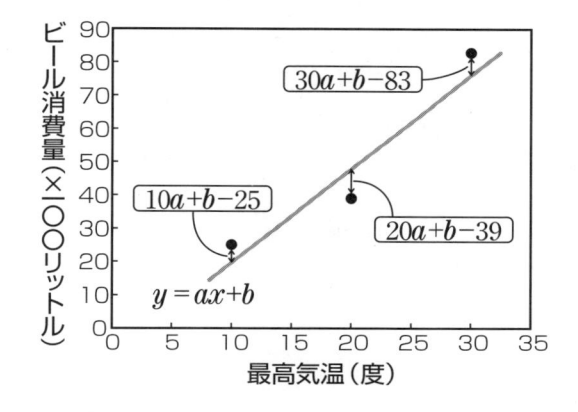

図3-3　データ点と仮直線との差

★ 仮直線の式を求める手順

① 最高気温x度、ビール消費量y（×100リットル）⇒ 仮直線$y=ax+b$
② $x=10$、20、30のときのデータと仮直線の差は、それぞれ、

　　$10a+b-25$、　$20a+b-39$、　$30a+b-83$

③ 差を2乗して合計する。
$(10a+b-25)^2+(20a+b-39)^2+(30a+b-83)^2$
$=1400a^2+120ab+3b^2-7040a-294b+9035$ 　←a、bの関数になった

④ ③で作ったa、bの関数が最小になるようなa、bの値を求める。
　最小値の問題だから、a、bで偏微分してそれぞれ0とすればいい。

$$\begin{cases} 2800a+120b-7040=0 & ←aで偏微分して0 \\ 120a+6b-294=0 & ←bで偏微分して0 \end{cases}$$

　この連立方程式を解くと、$a=2.9$、$b=-9$

⑤ ④で求めたa、bを使って、直線の式は　$y=2.9x-9$　となる。
　これより、最高気温28度のときのビール消費量は、$x=28$を代入して

　　$y=2.9×28-9=72.2$

だから、7220リットルと予想できる。

コンピュータによる計算

96～97ページのような計算を自分の手でするのはあまり現実的ではない。複雑な計算はコンピュータに任せよう。95ページの表3-1のデータをプロットしたものが、次の図3-4だ。これを最小二乗法により3次関数で近似したのが、その次の図3-5である。

これを直線で近似するのは無茶だ。

図3-4　過去のデータをプロットしたもの

3次関数でやってみよう！

・2乗の和の計算
・偏微分
・連立方程式
すべてコンピュータに任せよう！

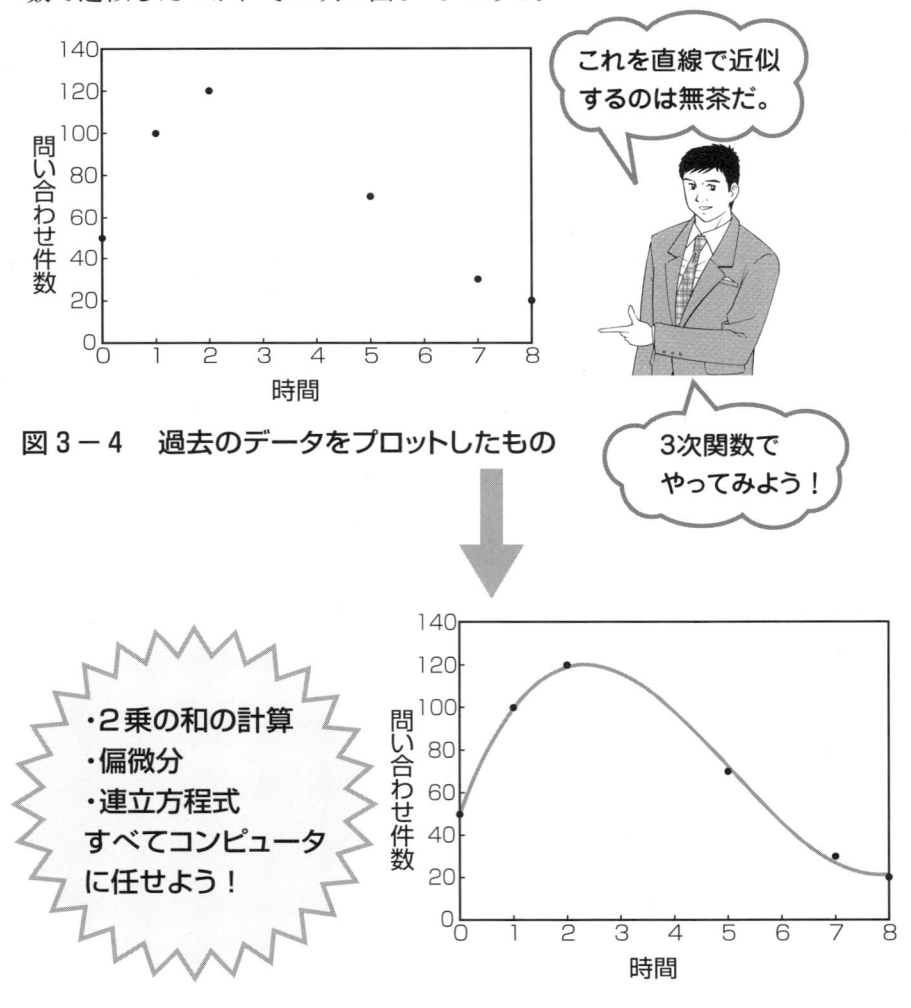

図3-5　3次関数による近似

データ→関数

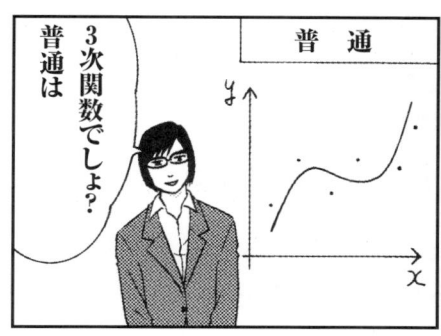

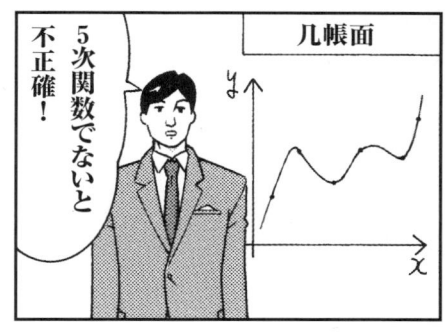

普通
3次関数でしょ？普通は

大雑把
まっ 1次関数でいいよな

几帳面
5次関数でないと不正確！

それぞれの性格がよく出ているな

ちなみに、図3-5の3次関数の式は、

$$y = 1.216x^3 - 18.474x^2 + 66.348x + 50.531$$

である。これを使って、問い合わせ件数を予想してみよう。式のxに0、1、2、…、8を代入して計算すると、次の表3-3のようになる。

表3-3 予想される問い合わせ件数

瞬間	0	1	2	3	4	5	6	7	8
件数	51	100	119	116	98	72	46	27	22

この表から、だいたい瞬間1から4にかけて問い合わせ件数はピークになり、その後徐々に減っていくと予想できる。

データ点を正確に通るグラフ

近似ではなく、全データ点を正確に通るグラフを求めたければ、"データ点の個数-1"次関数を使おう。データ点が100個なら、99次関数だ。

積分の計算
仕事の量を予測し、最適な体制を求める

積分公式の使い方をマスターし、いろいろなグラフが作る面積を求められるようになろう！

積分の公式の使い方

　最小二乗法により、コールセンターにかかってくる問い合わせ件数を表す関数を求めることができた。グラフで表すと、縦軸が「問い合わせ件数」で、横軸が「時間」となる。そして、グラフが作る面積は問い合わせ件数の蓄積を表す。この面積を求めるときに使えるのが、92～93ページの「積分の公式」である。

　積分の公式を使うと、いろいろな面積を求めることができる。実際に問い合わせ件数を計算する前に、2次関数 $y=x^2$ のグラフが作る面積を例に、積分の公式の使い方を説明しよう。次のページで説明する「引き算による面積の計算」の考え方を理解しよう。

積分の計算

グラフが作る面積を求める

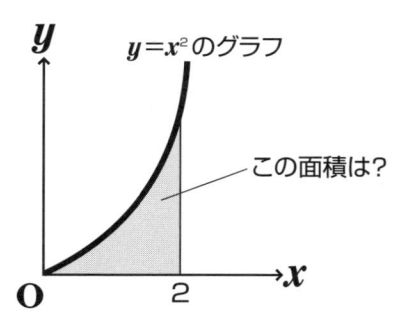

$f(x) = x^2$ から
$$F(x) = \frac{x^{2+1}}{2+1} = \frac{x^3}{3}$$
$x = 2$ のときだから
$$F(2) = \frac{2^3}{3} = \frac{8}{3}$$

次は少し工夫が必要である。

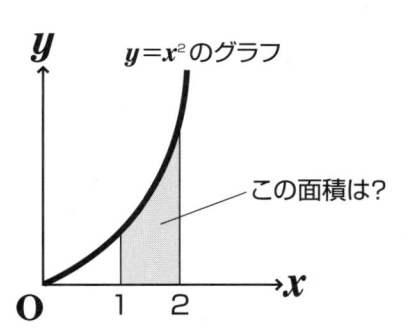

ここまでは、グラフが作る面積を $x=0$ の位置から測ってきたが、$x=1$ から $x=2$ までの面積を考えることもできるのだ。

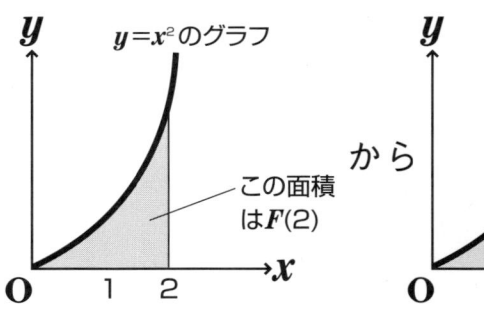

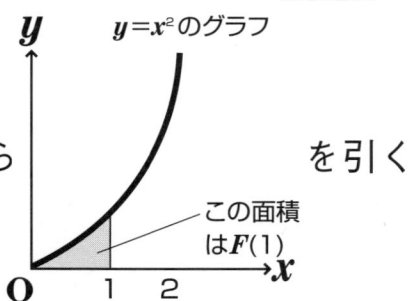

から　を引く

つまり、$F(2) - F(1) = \dfrac{2^3}{3} - \dfrac{1^3}{3} = \dfrac{7}{3}$

面積の計算

コールセンターの勤務シフトの話に戻ろう。表3－1の過去データでは、時間は分離量として与えられていたが、関数となり時間が連続量となった今は、積分できるようになっている。積分で求めた面積は、問い合わせ件数の蓄積を意味する。また、101ページの方法を使えば、任意の時間帯の問い合わせ件数を求めることができる。これにより、たとえばピーク時の問い合わせ件数を具体的に何件という形で予測することができるので、どの時間帯にどれだけ人員を配置すればいいかがわかるようになるのだ。

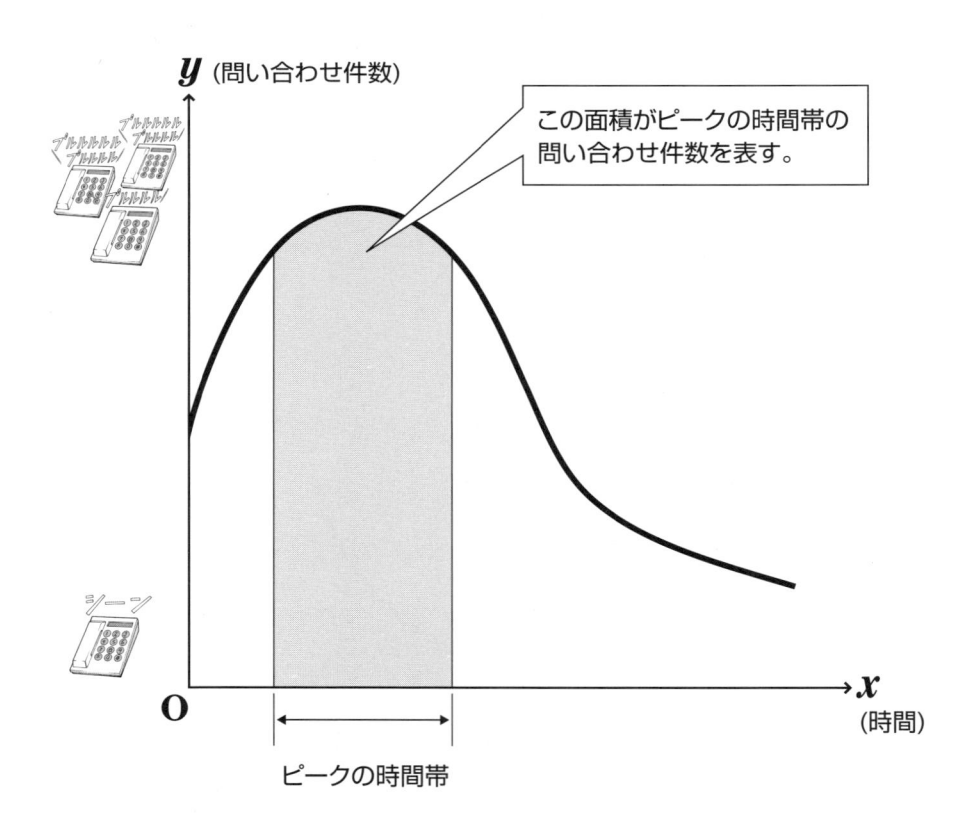

y (問い合わせ件数)

この面積がピークの時間帯の問い合わせ件数を表す。

x (時間)

ピークの時間帯

積分の計算

> コールセンタースタッフの勤務時間は全体的に減ることになるでしょう

> 問い合わせ件数が積分で正確に予測できるようになりましたのでこれからより効率的な勤務シフトを作っていきます

第3章　積分入門

　コールセンターの問い合わせ件数のデータから作った関数を積分することによって「忙しさの程度」を予測できることがわかった。この手法は、他のいろいろなケースに適用することができる。とくに、仕事量に波がある業種なら、忙しさの程度を予測することで繁忙期に備え、人員配置に生かすことができる。

> 運送会社ならお中元やお歳暮シーズンの荷物の件数、旅行会社ならゴールデンウィークや夏休みシーズンの予約の件数の予測に使える。

◆103◆

98〜99ページで求めた問い合わせ件数の関数の式は、

$$f(x) = 1.216x^3 - 18.474x^2 + 66.348x + 50.531$$

であった。この関数のグラフが作る面積を計算してみよう。関数 $f(x)$ は x^3、x^2、x、定数の4つの部分からできている。各部分に93ページの公式を当てはめて積分してやると、

$$F(x) = 1.216 \times \frac{x^4}{4} - 18.474 \times \frac{x^3}{3} + 66.348 \times \frac{x^2}{2} + 50.531 \times x$$
$$= 0.304x^4 - 6.158x^3 + 33.174x^2 + 50.531x$$

となる。これに $x = 0$、1、2、…、8を代入して計算すると、各瞬間 x までの問い合わせ件数の蓄積 $F(x)$ がわかる。結果をまとめたのが、次の表3-4である。

表3-4　問い合わせ件数の蓄積

x	0	1	2	3	4	5	6	7	8
$F(x)$	0	77.851	189.358	308.517	416.62	502.255	561.306	596.953	619.672

これを使えば、任意の時間帯における問い合わせ件数を求めることができる。たとえば、瞬間1から瞬間4までの時間帯1〜4における問い合わせ件数の蓄積は、$F(4) - F(1)$ を計算すればよく、

$$F(4) - F(1) = 416.62 - 77.851 = 338.769$$

となる。

また、関数 $F(x)$ の変数 x は今や連続量であるから、中途半端な瞬間を選んできても計算可能である。たとえば、瞬間1.5から瞬間3.2の時間帯における蓄積件数なら $F(3.2) - F(1.5)$ を計算すればよい。計算式は、次のとおりである。

$$F(3.2) - F(1.5)$$
$$= 0.304 \times 3.2^4 - 6.158 \times 3.2^3 + 33.174 \times 3.2^2 + 50.531 \times 3.2$$
$$- (0.304 \times 1.5^4 - 6.158 \times 1.5^3 + 33.174 \times 1.5^2 + 50.531 \times 1.5)$$
$$\fallingdotseq 331.492 - 131.194$$
$$= 200.298$$

積分の計算

問い合わせ件数の関数のグラフが作る面積

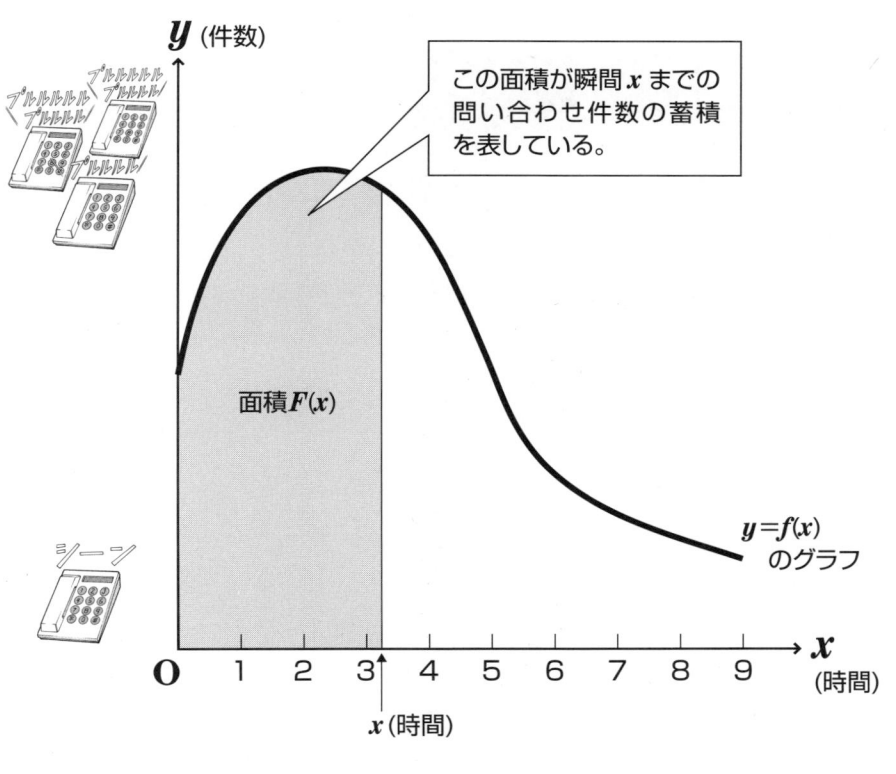

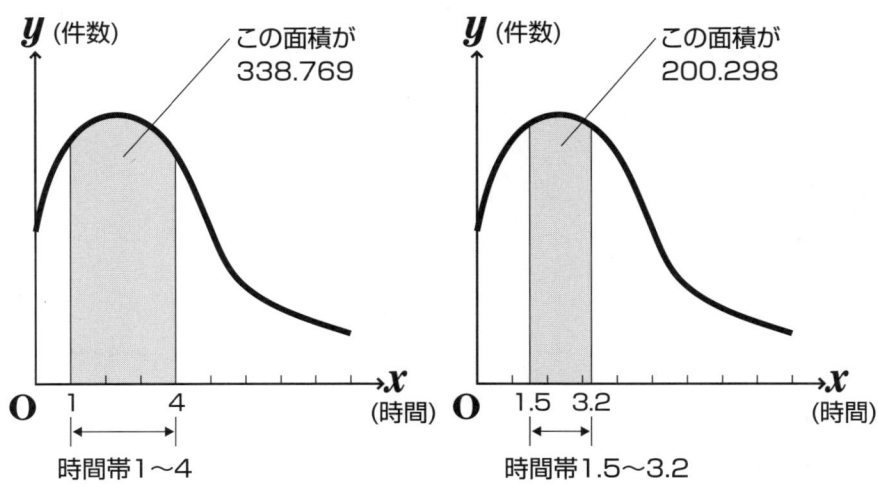

第3章 積分入門

この面積が瞬間 x までの問い合わせ件数の蓄積を表している。

面積 $F(x)$

$y=f(x)$ のグラフ

x(時間)

この面積が 338.769

時間帯 1～4

この面積が 200.298

時間帯 1.5～3.2

和の積分
複数の仕事の量を予測し、最適な体制を求める

> 積分の性質を利用して、2つの関数の和が作る面積を求めよう！

2つの関数の和

　コールセンターにかかってくる電話は、1つの商品だけの問い合わせとは限らない。その会社で扱っている商品すべてが対象となるはずである。商品によって、発売時期や売れ行き、購買者層も異なるので、問い合わせの件数、ピークを迎える時間帯もまちまちだろう。商品が2つあれば、問い合わせ件数の関数も2つ必要になるので、全体として2つの関数の和を考えなければならない。

ピークの時間帯はどこ？

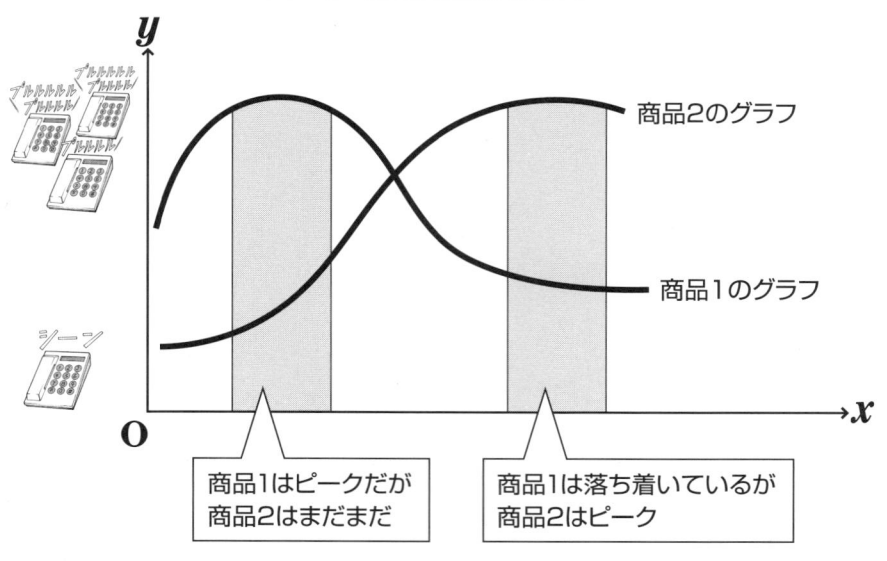

- 商品2のグラフ
- 商品1のグラフ
- 商品1はピークだが商品2はまだまだ
- 商品1は落ち着いているが商品2はピーク

2つの商品に対して、それぞれの問い合わせ件数を表す関数を別々に考えていると、全体の変化をつかみにくいし、忙しさのピークがどこに来るかもわからない。左ページのグラフのように、2つの関数は独立に変化し、それぞれのピークも異なるからだ。

　全体の変化をとらえるには、60〜63ページの「和の微分」のところでやったように、2つの関数の和を新しい1つの関数とみて、そのグラフが作る面積を考えるのがよい。実際、2つの関数のグラフが作る面積を別々に求めてから足しても、1つの関数にまとめてから面積を求めても、結果は同じである。次は、このことについて説明しよう。

2つの関数の和の積分

2つの商品に関する問い合わせに対応する場合は、それぞれの商品について関数を作って、その和を考える必要があるが……。

2つのグラフが作る面積は？

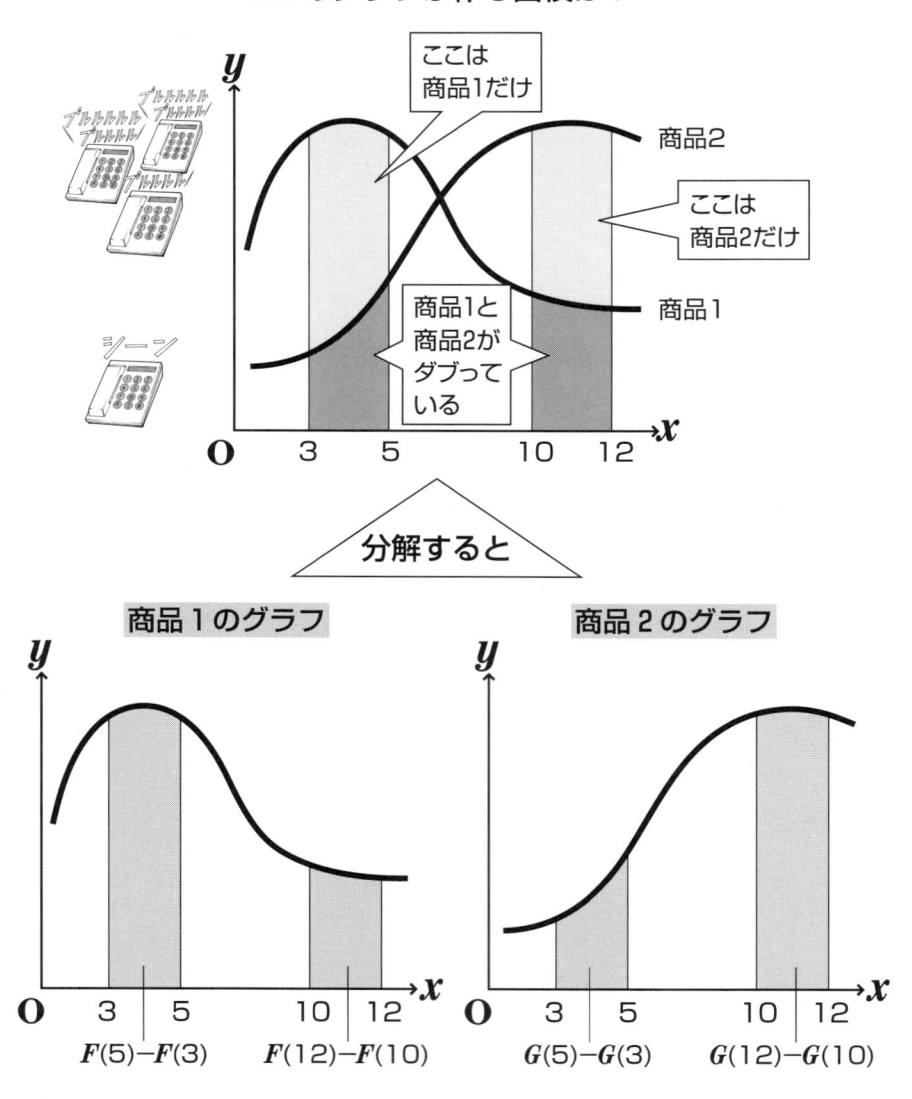

ここは商品1だけ

商品2

ここは商品2だけ

商品1と商品2がダブっている

商品1

分解すると

商品1のグラフ

$F(5)-F(3)$ $F(12)-F(10)$

商品2のグラフ

$G(5)-G(3)$ $G(12)-G(10)$

和の積分

2つの関数の式を$f(x)$、$g(x)$とすると、その和"$f(x)+g(x)$"（これを$h(x)$とする）の積分について、次のことが成り立つ。

和の積分

2つの関数$f(x)$、$g(x)$と$h(x)=f(x)+g(x)$について、

$$H(x) = F(x) + G(x)$$

　　和の積分　　　積分の和

足してから積分しても積分してから足しても、結果は同じということだ。左ページの図より、時間帯3〜5の問い合わせ件数は、

　　商品1 $= F(5) - F(3)$、商品2 $= G(5) - G(3)$

だから、その和は、

$F(5) - F(3) + G(5) - G(3)$　　←商品1、2を別々に積分して足したもの

$= F(5) + G(5) - F(3) - G(3)$

$= H(5) - H(3)$　　　　　　　　←商品1、2を足してから積分したもの

（コマ1）順序を変えても結果は同じってけっこうありますよね／うんうん

（コマ2）"どっちが先に謝るか"とか／そうね

（コマ3）お昼ご飯と夕ご飯とか／うん……

（コマ4）つき合うオトコの順序とか／……

差・積・商の積分

　微分には、和の微分の他に差・積・商の微分があり、2つの関数の差・積・商の微分を、それぞれの関数単独の微分を用いて計算することができた。このことを利用して、売上・利益・利益率といった量の変化を調べたのである。同様のことが積分でできるならば、たとえば「売上の蓄積」や「利益の蓄積」といった量を計算することができるはずである。

　さて、本章では蓄積は蓄積でも「時間的蓄積」というものを考えてきた。これは、グラフをかいたときに横軸が時間を表す場合である。ここでは売上や利益の時間的蓄積を計算する方法を説明しよう。

　利益は売上からコストを引いたものであるから、グラフで表すと、売上のグラフとコストのグラフの差が利益になる。この場合、利益の蓄積を表すのは、この2つのグラフに挟まれた部分の面積ということになる。

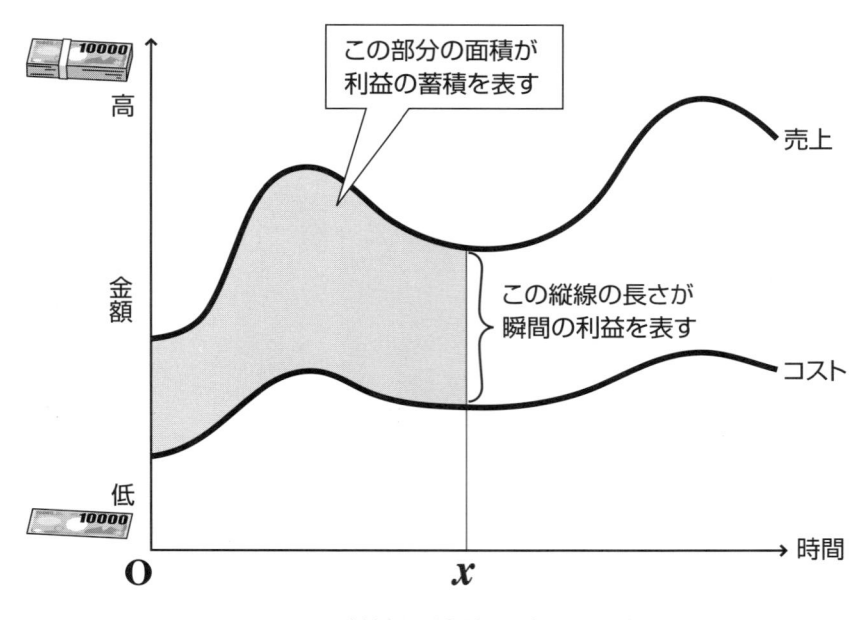

図3－6　利益の蓄積を表す面積

売上を表す関数を$f(x)$、コストを表す関数を$g(x)$としよう。このとき、変数xは時間を表している。時間xの瞬間における利益は2つの関数の差"$f(x)-g(x)$"で与えられる。そして時間0から時間xにかけて蓄積された利益を表すのが、2つのグラフに挟まれた部分の面積なのだ。差"$f(x)-g(x)$"を改めて$h(x)$に置き換えると、差の積分について、

$$H(x) = F(x) - G(x)$$

引き算して_積分して
から積分　から引き算

が成り立っている。

　2つの関数の積の積分・商の積分については、微分のときと同様で、

　　　掛け算してから積分 ≠ 積分してから掛け算
　　　割り算してから積分 ≠ 積分してから割り算

となり、順序によって結果が違うのは微分と同様だが、微分のときのような公式があるわけではない。

+α 順序が問題

　数学の世界では、計算の順序が重要な場合と順序を無視していい場合がある。基本の計算「加減乗除」でいうと、

　　　「2を足してから6を引く」＝「6を引いてから2を足す」

の場合はどちらも結局、4を引くという計算になる。それに対して、

　　　「2を掛けてから6を足す」≠「6を足してから2を掛ける」

の場合、たとえば、

　　　$1×2+6 ≠ (1+6)×2$

となり、順序によって結果が変わるということだ。

　料理では、味付けの順序を示す「さ・し・す・せ・そ」が重要である。砂糖と塩の順序を間違えると結果（味）が変わってしまう。数学においても場合に応じて順序が大切なのである。

COLUMN
積分でわかるπr^2の秘密

　図形は、その図形自身より次元が1低い図形が集まってできていると考えることができる。線は点の集まりであり、面は線の集まりであり、立体は面の集まりである。これは積分の基本的な考え方だ。

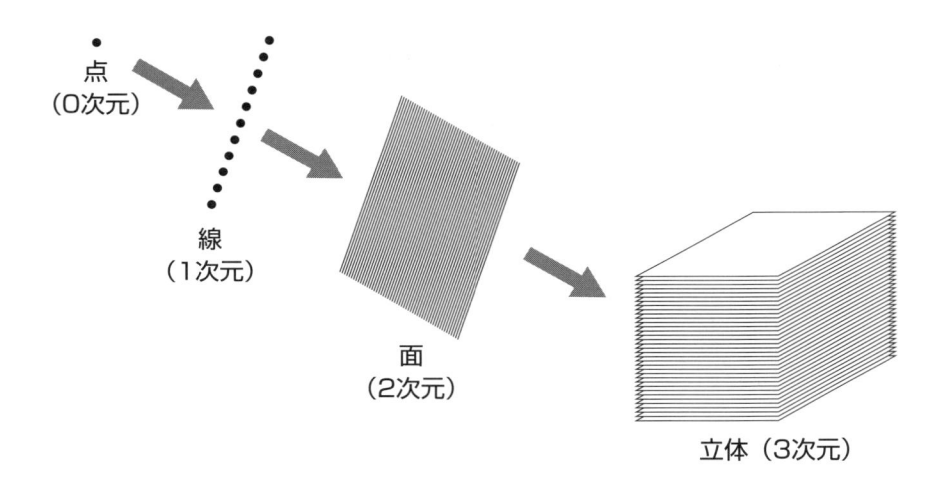

点（0次元）
線（1次元）
面（2次元）
立体（3次元）

　テレビ放送では、画像をいったん横線に分割している。アナログテレビでは横線の数が500本くらいだが、デジタルハイビジョンテレビでは1000本とちょっとある。画面サイズが同じなら、横線の数が多い方が画質は高い。仮に画面になんらかの図形が映っているとすると、デジタルハイビジョンの方が、その図形をより正確に映しているといえる。この横線が多くなればなるほど、映像は実物に近づいていくのだ。

　17世紀のイタリアの数学者カヴァリエリ（1598〜1647）は、布の織り糸のように、線が集まって面を作り、面が集まって立体を作ると考えた。これは、まさに積分の考え方である。ニュートン（1642〜1727）やライプニッツ（1646〜1716）が微分積分を確立するより前の話である。

次は、カヴァリエリの原理として知られているものである。

① 2つの平面図形を、ある一定の直線に平行な直線で切っていくとき、どの直線に対しても切り口の長さが等しければ、2つの平面図形の面積は等しい。

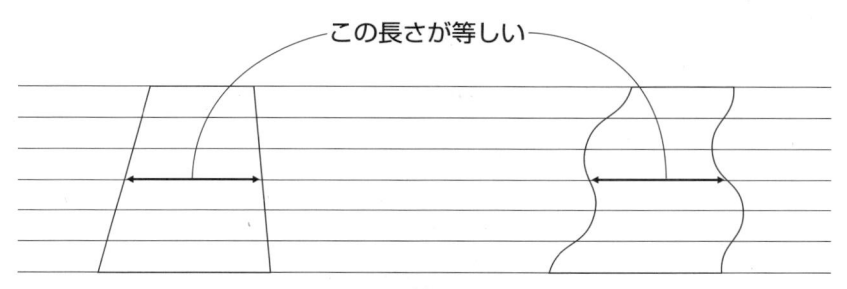

この長さが等しい

面積は等しい

② 2つの立体を、ある一定の平面に平行な平面で切っていくとき、どの平面に対しても切り口の断面積が等しければ、2つの立体の体積は等しい。

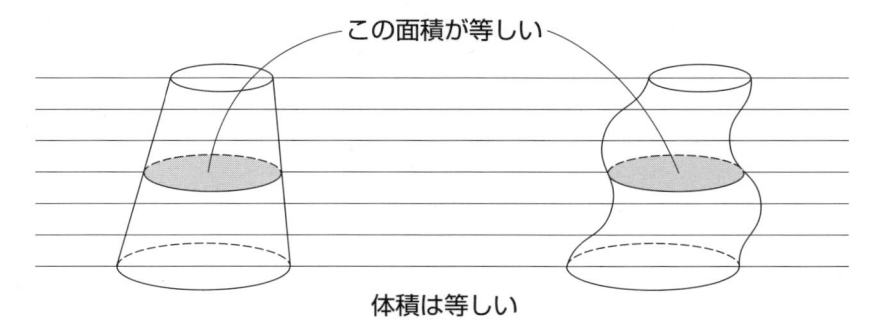

この面積が等しい

体積は等しい

　もっと実用的な話をすると、測量では土地の面積を測るのに、土地を三角形に分割して、各三角形の面積を足し合わせるという方法を用いる。ここでは、円の面積を、「細かく分けて足し合わせる」という積分の考え方で求めてみよう。

　次の図のように、円を8等分して、交互に上下逆さまにして横に並べると、なんとなく長方形(平行四辺形というべきか)になる。もっと細かく分けるとどうだろう。無限個に分割して並べることができたとしたら、完全な長方形になるようすが想像できるだろう。この長方形の横の長さ

COLUMN

は円周の2分の1の長さ(πr)に、縦は半径(r)に等しくなる。よって円の面積は長方形の面積に等しいと考えて、縦×横 = $\pi r \times r = \pi r^2$ と表すことができるのだ。円の面積の公式は遠い昔に習ったと思うが、積分の考え方を使って円の面積を理解することができるのだ。

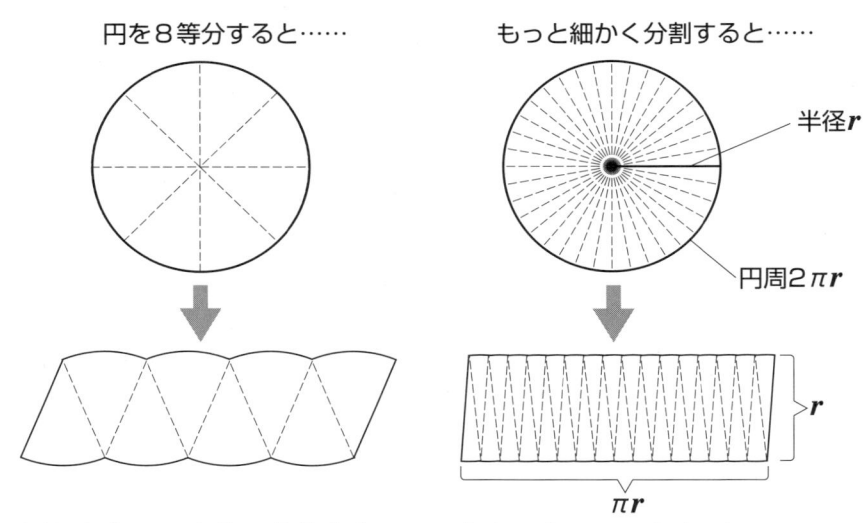

円を8等分すると……

もっと細かく分割すると……

半径 r

円周 $2\pi r$

r

πr

同じように、立体の体積を求めることもできる。たとえば、ドーナツを細かく輪切りにして積んでいくと、円柱の体積の求め方で、ドーナツの体積を簡単に求めることができる。

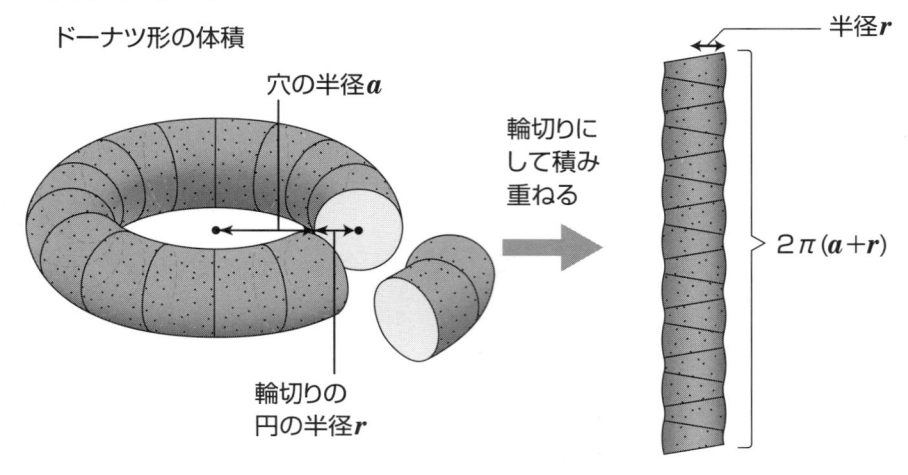

ドーナツ形の体積

穴の半径 a

輪切りにして積み重ねる

半径 r

$2\pi(a+r)$

輪切りの円の半径 r

第4章
微分応用

売上を最大に、費用を最小に
── 機械の儲かる使い方とは？──

○本章のねらい
　第2章で習得した微分の基本原理・基本計算を踏まえつつ、微分の新しい概念と、式を解く際のコンピュータの使い方を学ぶ。

○状況設定
　ある会社の精密部品製造部門では、商品を製造するのに、役割は同じだが処理能力と稼働コストの異なる3つの機械を使っている。もちろん、処理能力が高ければ高いほど、稼働コストも高い。

　微分を使い、またコンピュータの助けを借りながら、この3つの機械のそれぞれに割り当てる最適な仕事量を算出する。

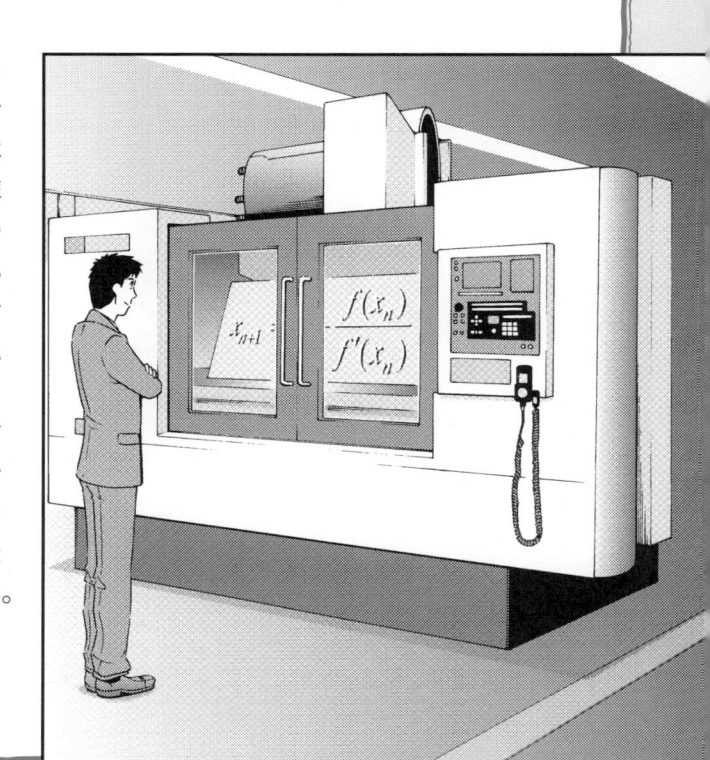

売上を表す関数
生産手段Ｘ、Ｙで作る製品の総売上を関数で表す

> 変動する量を関数で表そう！
> ビジネスに微積を応用するための第一歩だ。

　社内の精密部品製造部門では、製品を作るのに２種類の機械を使い分けている。最新型の機械Ｘは、生産能力は高いが稼働コストが高くつく。一方、旧型の機械Ｙは、生産能力はイマイチだが稼働コストは安く済む。ただし、どちらで作っても同じ製品ができる。

　現在、この２種類の機械の使い分けを見直せば、利益を増やすことができるのではないかと思案中である。ただし、２種類の機械を同時に使うことはできない、つまり一方を使っているときは他方は使えないという制約がある。

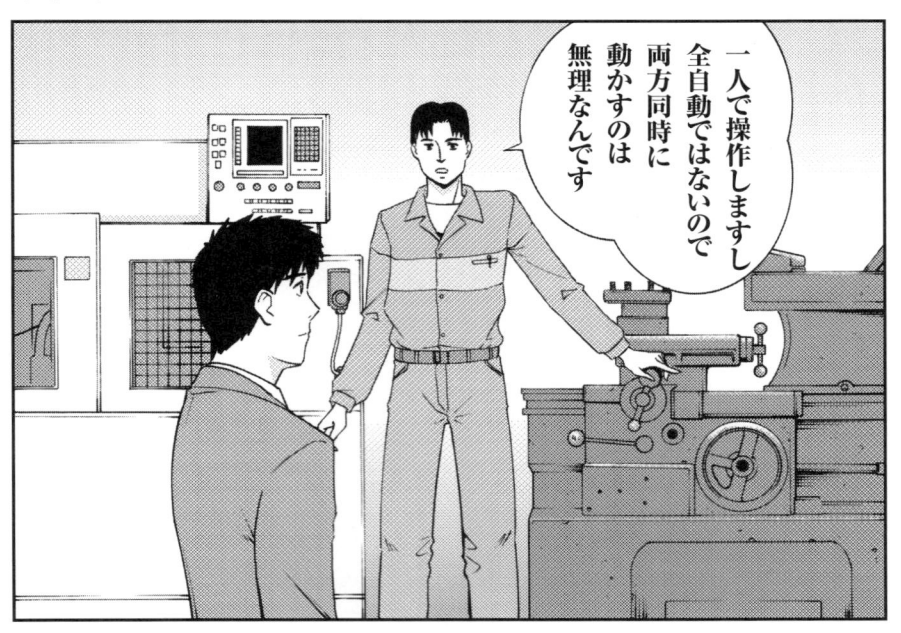

> 一人で操作しますし
> 全自動ではないので
> 両方同時に
> 動かすのは
> 無理なんです

機械X、Yの稼働時間を表す変数をそれぞれx、yとしよう。そして、このときの総売上がx、yの関数になっているとして、その式は、

$$f(x,\ y)=x^a y^b$$

と表すことができるとする。ここで、a、bは機械X、Yの生産能力を表すパラメータであり、その値が大きいほど売上に貢献する。今の場合、$a>b$の関係がある。たとえば、$a=3$、$b=1$とすると、

$$f(x,\ y)=x^3 y$$

となる。ここでは、この式の意味を深く考える必要はない。こんな式で表してみようというだけのことである。機械Xは稼働時間に対して3乗の売上があるが、機械Yは稼働時間そのままの売上しかないとでも考えておけばよい。

+α 「効用関数」の話

　82～84ページのコラムで、「限界効用」の話をした。効用というのは満足度という意味だと思えばいい。ここでは、「効用関数」というものを考える。文字どおり、効用を表す関数である。我々は日常生活で、財やサービスを消費して効用を得る。これを関数で表現すると、次のようになる。

　　　ある財(あるいはサービス)をxだけ消費したときに
　　　得られる効用を$f(x)$とする

この$f(x)$を効用関数という。限界効用というのは、この効用関数を微分したものである。

　財が2種類ある場合は、2変数関数になる。

　　　2種類の財X、Yをそれぞれx、yだけ消費したときに
　　　得られる効用を$f(x,\ y)$とする

という具合だ。とくに、コブ・ダグラス型といわれる効用関数は、

$$f(x,\ y)=x^a y^b$$

という形をしている。実は、上で導入した売上の関数$x^3 y$も同じ形をしており、テキトーな関数を考えたわけではないのだ。

コストを表す関数

生産手段X、Yの稼働総コストを関数で表す

> 物事の変化を関数で表すときは、何を変数とするかに注意しよう！

次に、機械Xと機械Yの稼働コストを考えよう。それぞれに割り当てる稼働時間を表す変数をx、yとしたから、稼働コストもまたx、yの関数であると考えられる。その式を、

$$g(x, y) = px + qy$$

と表す。

ここで、p、qは機械X、Yの時間あたりの稼働コストを表すパラメータである。機械Xの稼働コストは時間あたりpだから、稼働時間xに対してpxのコストがかかり、機械Yも同様に考えて稼働時間yに対してqyのコストがかかるということだ。今の場合、$p > q$という関係になっている。

たとえば、$p = 1000$、$q = 500$ならば、

$$g(x, y) = 1000x + 500y$$

となる。機械Xは時間あたり1000円、機械Yは時間あたり500円の稼働コストがかかると考えておけばよいだろう。

というわけで、売上とコストを表す関数が決まったので、「利益＝売上－コスト」の式より、利益をx、yの関数として次のように表すことができる。

$$\begin{aligned}
利益 &= 売上 - コスト \\
&= f(x, y) - g(x, y) \\
&= x^a y^b - (px + qy)
\end{aligned}$$

ここで知りたいのは、この2変数関数の値を最大にする変数x、yの値で

ある。売上だけを考えるなら機械Xの作業割り当てを増やせばいいのだが、稼働コストを考えるとそう単純にはいかない。2つの機械の生産能力と稼働コストに関して、最適の組み合わせを求めなければならないのである。

微分の利用
売上・費用を表す関数から、利益が最大になる条件がわかる

制約条件を使って、変数の数を減らす工夫をしよう！

制約条件の追加

　目的は、機械Xと機械Yそれぞれへの稼働時間の割り当てを最適化して利益を最大にすることだ。利益は2つの変数x、yの関数で表すことができ、その式は、

$$利益 = x^a y^b - (px + qy)$$

で与えられる。

　2変数関数だから「偏微分して0」で最大ポイントを求めることができると思えるのだが、実際はそう簡単にはいかない。

　2つの変数x、yはそれぞれ機械X、Yの稼働時間であった。ふつうに考えると、時間をかければかけるほど利益は増えていくはずであるから、x、yが大きくなるほど利益は大きくなる。しかし、稼働時間には限りがあるので、現実はそう単純ではない。

　次のような制約条件を加えよう。この工場は24時間体制であり、機械Xの稼働時間と機械Yの稼働時間の和は24時間であるとする。つまり、2つの変数x、yについて、

$$x + y = 24$$

が成り立っているとするのだ。よって、解くべき問題は、

　　$x+y=24$という条件下で、利益を最大にするx、yを求める

こととなる。

微分の利用

　本章で紹介する微分利用法は、同じ作業を性能とコストが異なるいくつかの手段で行うときに、その導入バランスを考える場合に使える。たとえば、輸送力と燃費に差がある複数のトラックを手配したり、収容力と使用料に差がある複数の倉庫をレンタルしたりする場合が考えられる。

"どっちをどのくらい？"で迷ったら微分を使おう！

第4章　微分応用

2変数から1変数へ

2つの変数 x, y が $x+y=24$ という条件を満たしながら変化するとき、利益を表す関数

$$\text{利益} = x^a y^b - (px + qy)$$

はどんな変化をするだろうか。2変数関数では、「変数 y を固定し、変数 x だけの関数だと思って微分する」という偏微分の方法を用いて関数の変化を調べることができた。しかし、$x+y=24$ という制約条件を用いれば、正真正銘 x だけの関数を作ることができる。

$x+y=24$ より $y=24-x$ であるから、これを利益の式の y に代入してやると、

$$\text{利益} = x^a y^b - (px + qy)$$
$$\Rightarrow \text{利益} = x^a(24-x)^b - px - q(24-x)$$
$$= x^a(24-x)^b - px + qx - 24q$$

$y=24-x$ を代入

変数 y が消えて変数 x だけの関数になっていることがわかる。この関数を改めて $P(x)$ としよう。$P(x)$ は1変数の関数であるから、「微分して0」で最大ポイントを求めることができる。

> 変数が x だけになったが、変数 y が完全に消えてなくなったわけではない。
> $y=24-x$ という式は、y が x の関数であることを示している。つまり、
> x が決まれば y は自動的に決まるのだ。

微分の利用

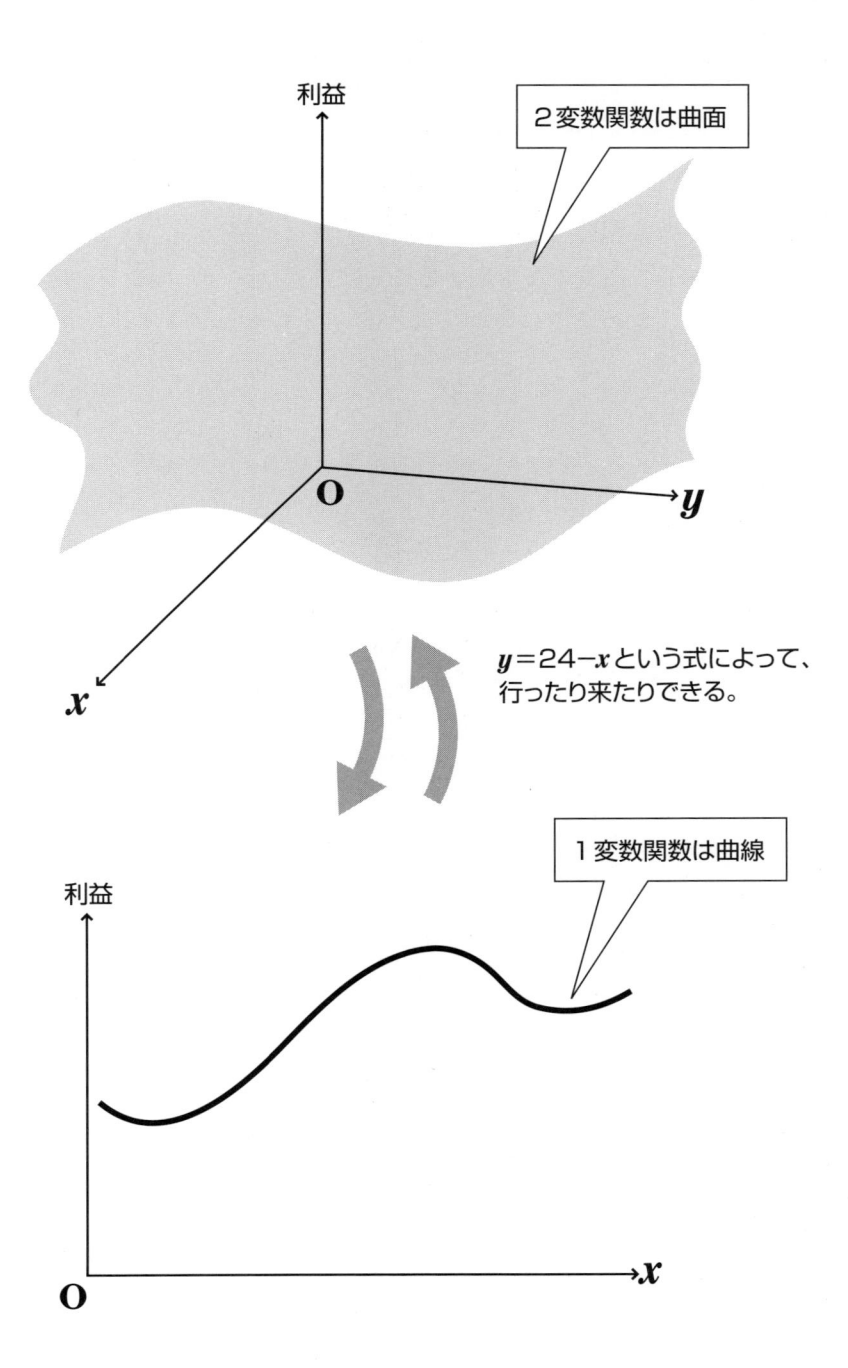

利益

2変数関数は曲面

$y = 24 - x$ という式によって、行ったり来たりできる。

1変数関数は曲線

利益

第4章 微分応用

関数が最大になる条件

ようやく問題は、1変数の関数である

$$P(x) = x^a(24-x)^b - px + qx - 24q$$

の最大ポイントを求めることであるとわかった。

「微分して0」の出番であるが、その前に各パラメータの値を設定しておこう。機械X、Yの生産能力を決めるa、bと稼働コストを決めるp、qである。ここでは、

$$a = 3、b = 1、p = 1000、q = 500$$

として計算を進める。パラメータの値をそれぞれ代入すると、関数$P(x)$は

$$P(x) = x^3(24-x) - 1000x + 500x - 12000$$
$$= -x^4 + 24x^3 - 500x - 12000 \quad \leftarrow 4次関数$$

となる。早速、微分してみよう。

$$P'(x) = -4x^3 + 24 \times 3x^2 - 500 \quad \leftarrow x^n を微分すると、nx^{n-1}$$
$$= -4x^3 + 72x^2 - 500$$

これが0に等しくなるという条件から、

$$-4x^3 + 72x^2 - 500 = 0$$

最後に両辺を-4で割ると、

$$x^3 - 18x^2 + 125 = 0 \quad \leftarrow 3次方程式$$

という方程式が得られる。この3次方程式を解くと、利益の最大ポイントがわかるのだ。

> 微分すると次数が1つ下がるから、4次関数から3次方程式が出てきたんだ。

さあ、あとは3次方程式の解の公式を使って…といきたいところだが、そうは問屋が卸さない。3次方程式の解の公式はあるにはあるのだが、非常に複雑で公式を書き下すだけで一苦労するくらいなのだ。とはいえ、解が求まらないことには先に進めない。

しかし悲観することはない。実は、グラフの接線を使って方程式の解を求める方法があるのだ。「**ニュートン法**」と呼ばれるその計算方法を次のページで説明しよう。

+α 「ない」ことの証明

2次方程式には解の公式があり(32ページ参照)、学校でも習ったことと思う。また上で少しふれたように3次方程式にも解の公式があるのだが、非常に複雑なので、ここではお見せすることはできない。

それでは、4次方程式はどうだろうか。答えはイエスである。4次方程式にも解の公式があるのだ。しかし、これまた非常に難解な数式となるので、ここに書き下すのはやめておこう。

次は当然、5次方程式ということになるが、実は5次方程式には解の公式がないことが知られている。これは数学的にちゃんと証明されているので、人類の努力が足りなくて見つかっていないということではない。

ここで、ひとつ考えてみよう。「解の公式がある」ことの証明と「解の公式がない」ことの証明の間には、次元を超えた壁ともいうべきものがある。「ある」ことを証明するには、「これです」と公式を見せればそれで済むのだが、「ない」ことの証明はそういうわけにはいかない。これは宇宙人が「いる」か「いない」かということと同じである。「いる」ことを証明するには1人でも連れてくればそれでいいのだが、「いない」ことを証明するには宇宙全体を調べあげて「いませんでした」という必要がある。宇宙全体を調べるのは事実上不可能であるが、数学の世界では、そういうことが可能なのだ。

ニュートン法の原理

　ニュートン法の説明をする前に1つ確認しておこう。方程式の解は、グラフとx軸の交点のx座標に等しいということだ。たとえば、

　　　$2x-3=0$

という1次方程式を考えてみよう。解は$x=3/2$で、難しいことはない。一方、$y=2x-3$のグラフをかいてみると、下の図のような直線になる。この直線とx軸の交点のx座標が3/2になっているのだ。よく考えれば当たり前の話で、x軸との交点ということは、y座標が0になるということだから、$y=2x-3$で$y=0$にするということだ。つまり、

　　　$0=2x-3$

という方程式を解くことと同じになるのだ。2次方程式でも同様だ。たとえば、2次方程式

　　　$x^2-3=0$

の解は$x=\pm\sqrt{3}$であるが、これは$y=x^2-3$のグラフとx軸との交点のx座標に等しい。放物線なので、交点は2個あることに注意しよう。2次方程式の解が2個あることと対応しているのだ。

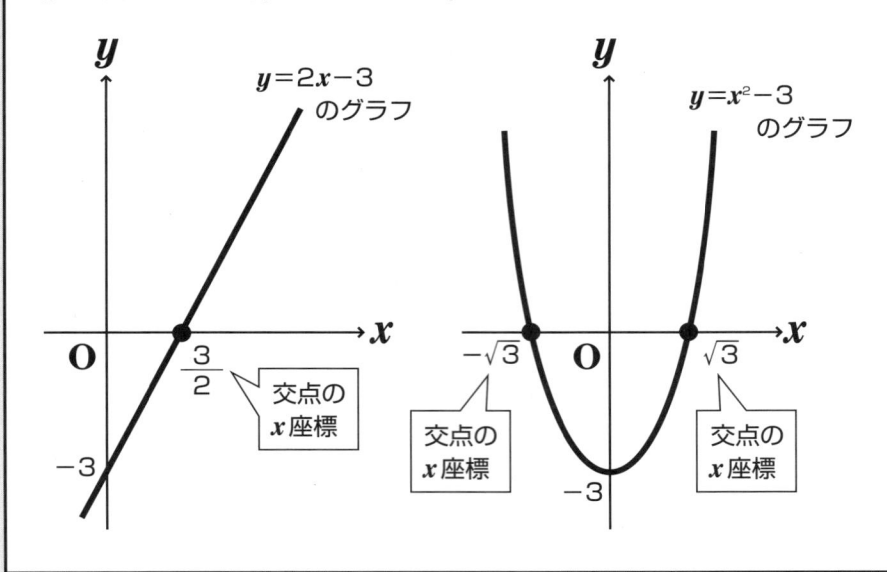

以上を踏まえて、ニュートン法の原理を説明していこう。ニュートン法では、グラフとx軸との交点のx座標（正確にはx座標の近似値）を次のようにして求めている（下図参照）。

① 　初期値として、適当なxの値x_0を決める。
② 　x座標がx_0であるグラフ上の点を接点とする接線をひく。
③ 　②の接線とx軸の交点のx座標をx_1とする。
④ 　x座標がx_1であるグラフ上の点を接点とする接線をひく。
⑤ 　④の接線とx軸の交点のx座標をx_2とする。

以下同様にして、x_3、x_4、x_5、…を順々に求めていくと、接線とx軸の交点は、グラフとx軸の交点（＝方程式の解）に近づいていく。

x_0、x_1、x_2、…とだんだん方程式の解に近づいていくのがわかる。

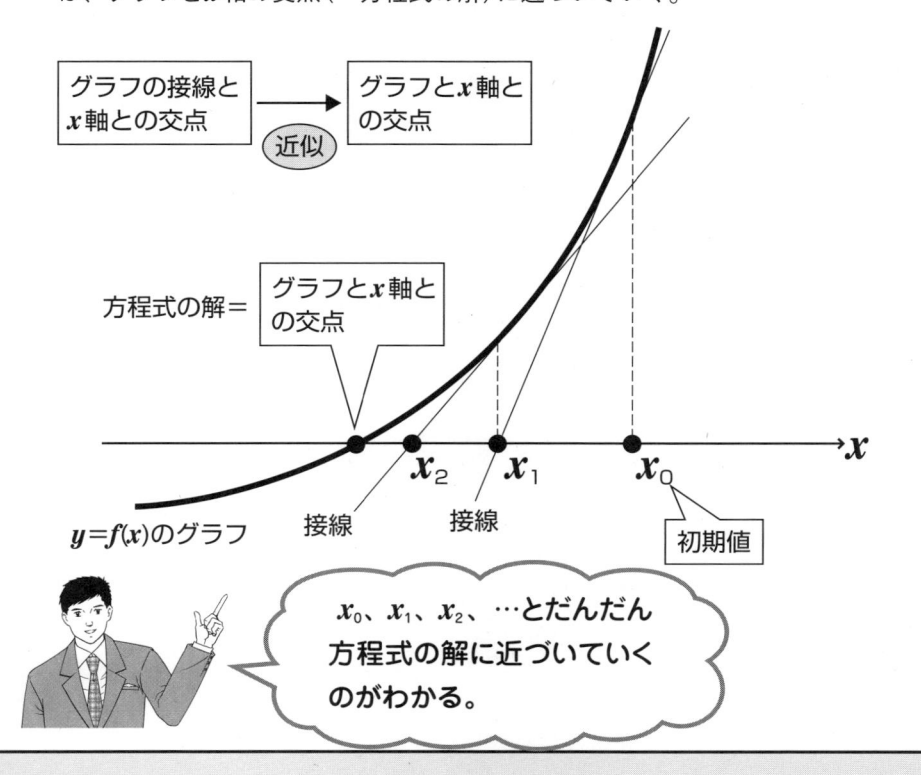

ニュートン法の使い方

127ページで説明した接線とx軸との交点のx座標の値

x_1、x_2、x_3、……

は、次の公式によって順々に求めることができる。

ニュートン法の公式

$$x_n \text{から} x_{n+1} \text{を求める}: x_{n+1} = x_n - \frac{f(x_n)}{f'(x_n)}$$

この公式を使って、2次方程式

$$x^2 - 3 = 0$$

の解を求めてみよう。2次方程式をニュートン法で解くのは、牛刀をもって鶏を割くようなものだが、簡単な例でニュートン法の威力を感じてほしい。

まず、

$$f(x) = x^2 - 3 \quad \text{より、} \quad f'(x) = 2x$$

初期値として、$x_0 = 2$を選ぶと、x_1、x_2、x_3、…は以下のように計算される。

$$x_1 = x_0 - \frac{f(x_0)}{f'(x_0)} = 2 - \frac{2^2 - 3}{2 \times 2} = \frac{7}{4} = 1.75$$

$$x_2 = x_1 - \frac{f(x_1)}{f'(x_1)} = \frac{7}{4} - \frac{\left(\frac{7}{4}\right)^2 - 3}{2 \times \frac{7}{4}} = \frac{97}{56} = 1.732142857\cdots$$

$$x_3 = x_2 - \frac{f(x_2)}{f'(x_2)} = \frac{97}{56} - \frac{\left(\frac{97}{56}\right)^2 - 3}{2 \times \frac{97}{56}} = \frac{18817}{10864} = 1.732050810\cdots$$

という具合だ。

これがどのくらいすごいかというと、真の解が、
$$\sqrt{3} = 1.732050807\cdots$$
だから、x_3まで計算しただけで真の解と小数点以下7桁まで一致する値が得られたのだ。

ニュートン法の威力はわかったが、よく考えてみると2次方程式の解は2つあるはずである。$x^2-3=0$の解は$x=\pm\sqrt{3}$の2つあるのに、ニュートン法では$x=\sqrt{3}$の方しか求められていないようだ。これはどうしたことだろう。

実は、これは初期値の選び方に問題があったのだ。例題では、初期値を選ぶときに$\sqrt{3}$に近い2という値をとったため、$\sqrt{3}$の方が出てきたのである。$-\sqrt{3}$に近い値、たとえば-2を初期値に選べば、$-\sqrt{3}$の方が求められる。

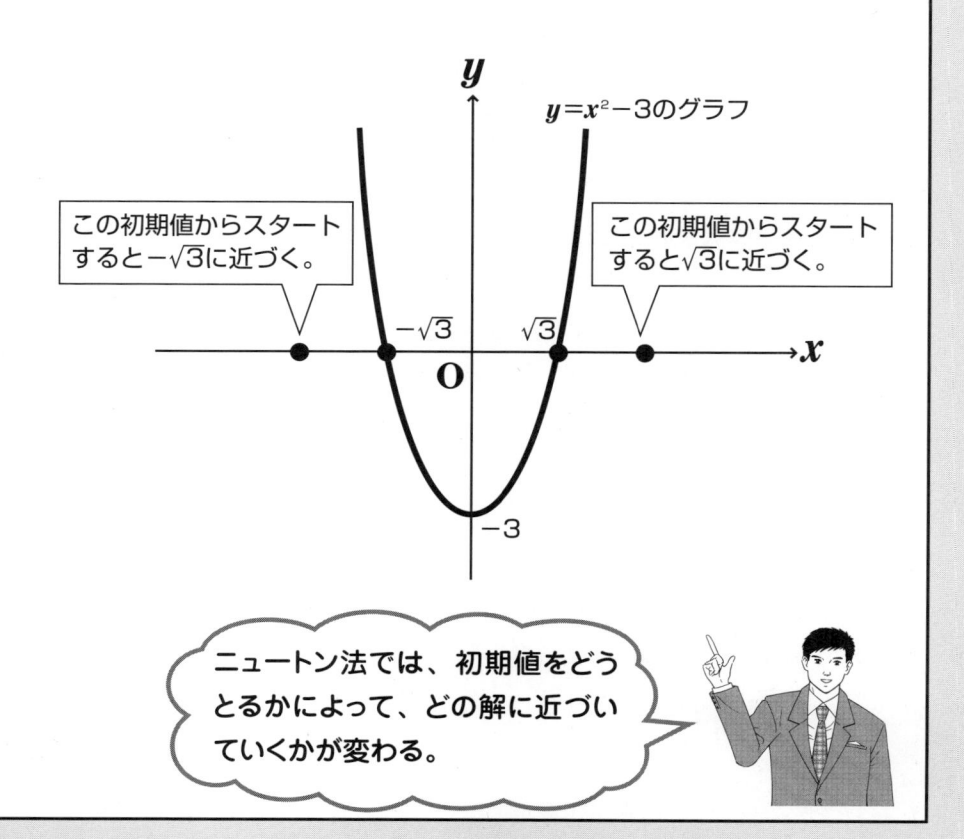

$y = x^2 - 3$のグラフ

この初期値からスタートすると$-\sqrt{3}$に近づく。

この初期値からスタートすると$\sqrt{3}$に近づく。

ニュートン法では、初期値をどうとるかによって、どの解に近づいていくかが変わる。

コンピュータの利用

利益が最大になる条件を表す方程式を、実際に解く

コンピュータによる計算前の数学的準備と、コンピュータによる計算後の検証が大事だ。

ニュートン法の利用

　本題に戻ろう。今解こうとしているのは、利益が最大になるように、機械X、Yの稼働時間を配分するという問題であった。機械Xの稼働時間をxとして、利益をxの関数で表したものが

$$P(x) = -x^4 + 24x^3 - 500x - 12000$$

であり、「微分して0」の条件から出てくる方程式が

$$x^3 - 18x^2 + 125 = 0$$

であった。この3次方程式の解が利益の最大ポイントを表すのだ。

　では早速、ニュートン法を使って、この3次方程式を解いてみよう。最初にやるべきことは、初期値の設定である。129ページで述べたように、初期値によって出てくる解が異なるので注意が必要だ。とりあえずいろいろな初期値で試してみよう。結果は、表4-1のようになる（Excelの計算機能を使えば瞬時に出してくれる）。

　表4-1は、4通りの初期値$x_0 = 5$、10、15、20でx_1からx_{10}までを計算した結果を示している。どの初期値の場合も途中から一定値になっている。これは、ニュートン法の原理のところで説明した「グラフの接線とx軸との交点（近似解）」が「グラフとx軸との交点（真の解）」に一致したことを示しているので、方程式の解と考えてよい。解は2.87…、-2.47…、17.59…の3個見つかったが、一般に3次方程式の解は3個であるから、これですべての解を探しあてたことになる。

表4−1　ニュートン法による$x^3-18x^2+125=0$の解

初期値 x_0	5	10	15	20
x_1	3.0952381	−1.25	19.07407407	18.07291667
x_2	2.88002847	−3.16037736	17.79992068	17.62095134
x_3	2.87477993	−2.55963289	17.60100375	17.59636297
x_4	2.87477665	−2.47286366	17.59629428	17.59629167
x_5	2.87477665	−2.47106908	17.59629167	17.59629167
x_6	2.87477665	−2.47106832	17.59629167	17.59629167
x_7	2.87477665	−2.47106832	17.59629167	17.59629167
x_8	2.87477665	−2.47106832	17.59629167	17.59629167
x_9	2.87477665	−2.47106832	17.59629167	17.59629167
x_{10}	2.87477665	−2.47106832	17.59629167	17.59629167

　表4−1では、4通りの初期値で3個の解を探しあてることができたが、実際の計算ではもっと多くの初期値で試行錯誤することになるかもしれない。運が悪ければ、Excelに計算を拒否されることもあるくらいだ。

　実際、初期値を$x_0=12$とすると、Excelは「#DIV/0！」という表示を出して計算がストップしてしまう。これは、128ページのニュートン法の公式において分母の$f'(x_n)$が0になってしまうからである。分母を0とするのは、コンピュータの世界では御法度である。

　数学の世界でも分母0の扱いには慎重を要する。もし0でないAに対して、$A\div0=B$という計算ができたとすると、$A=B\times0=0$となり矛盾が起こる。$A=0$の場合も、Bは何でもいいということになって商が定まらない。いずれにしても、0で割る計算は「考えられない」のだ。

　では、初期値の決め方にコツはあるのだろうか。それは、なるべく初期値を分散させることだ。同じような初期値を選んでしまうと、同じ解しか得られない。たとえば上の例で、4、5、6を初期値にすると、解はすべて2.87…になる。それを避けるには、グラフをかき解の見当をつけるのがよい。

最大ポイントの決定

さて、解が3個も見つかってしまった。利益の最大値が3個あるということなのだろうか。ここで、利益を表す関数$P(x)$の変化を見るためにグラフをかいてみよう。$P(x)$は4次関数で、その式は、

$$P(x) = -x^4 + 24x^3 - 500x - 12000$$

である。42ページで見たように、2次関数のグラフは放物線であった。そして、x^2の係数が正か負かによってグラフの形は上下逆になっていた。4次関数のグラフも大きくは、x^4の係数が正か負かによって分類できる。

x^4の係数が正の場合

どちらが低くなるかは、他の係数による。

どちらが高くなるかは、他の係数による。

x^4の係数が負の場合

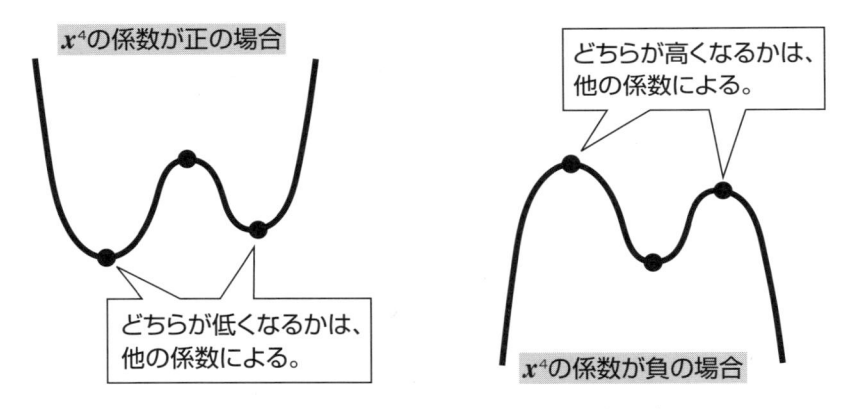

図4-1　4次関数のグラフの概形

図4-1の2つの図のそれぞれで黒丸の印をつけた点が「微分して0」の点である。「微分して0」で出てくるのはグラフの頂上と谷底であり、最大ポイントとは限らないのだ。最大かどうかは、実際に関数の値を計算すればわかる。本題の$P(x)$の場合でいうと、$x = -2.47\cdots$、$2.87\cdots$、$17.59\cdots$の3点が最大ポイントの候補なので、それぞれの$P(x)$の値を計算すると、

$P(-2.47\cdots) = -11163.88\cdots$

$P(2.87\cdots) = -12935.49\cdots$

$P(17.59\cdots) = 14091.37\cdots$

となる。これらをもとに$P(x)$のグラフをかくと、次の図のようになる。

コンピュータの利用

利益 $P(x)$

最大ポイント

不採用

$-2.47\cdots$ $2.87\cdots$

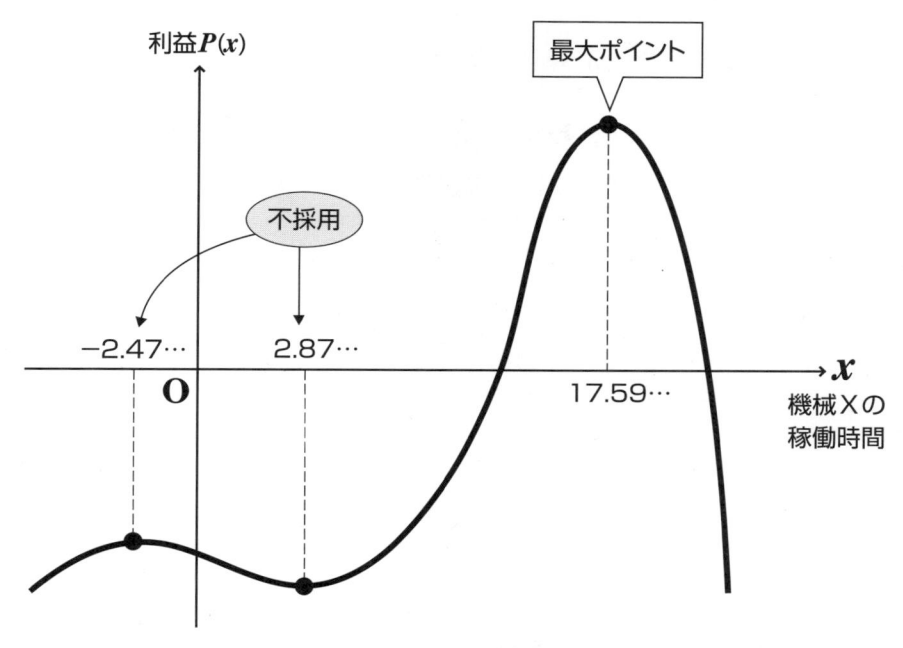

O $17.59\cdots$ x

機械Xの
稼働時間

第4章 微分応用

図4−2 利益 $P(x)$ のグラフ

このようにグラフをかけば、関数の変化は一目瞭然である。利益が最大になるのは $x = 17.59\cdots$ の点で、これは1日24時間のうち、機械Xに約17.6時間、機械Yに約6.4時間を割り当てる場合である。他の2点については、$x = -2.47\cdots$ は稼働時間がマイナスになるのであり得ない。$x = 2.87\cdots$ については利益がマイナスになるので採用できない。

> 「微分して0」から出てくる点は、最大（最小）ポイントの候補にすぎない。その周辺では最高点（最低点）になっているかもしれないが、全体を見わたせば、もっと高い点があるということだ。59ページの＋αで述べたように、このような候補点のことを極大点・極小点という。

関数のカスタマイズ①
生産手段の性能が変わったら、パラメータの値を調整する

状況が変わったら、パラメータの値を変えて計算しなおそう！

　旧型の機械Yの買い替えを検討している。最新型の高性能機種を買う余裕はないが、中位機種なら手が出そうだ。しかし、生産能力が上がるとコストも上がるので、買い替えが利益増につながるかどうかはわからない。そこで、買い替えによって利益がどう変わるかを調べてみたいと思う。

　機械Yの「生産能力とコスト」を変更することになるので、機械Yの生産能力を表すパラメータbと稼働コストを表すパラメータqを調整すればよい。生産能力、稼働コストともに上がるので、$b=2$、$q=800$と仮定しよう。このとき、利益を表す関数$P(x)$は124ページを参考にして、

$$P(x) = x^3(24-x)^2 - 1000x - 800(24-x)$$
$$= x^3(576 - 48x + x^2) - 1000x - 19200 + 800x$$
$$= x^5 - 48x^4 + 576x^3 - 200x - 19200$$

となる。$P(x)$を微分すると、

$$P'(x) = 5x^4 - 192x^3 + 1728x^2 - 200$$

だから、「微分して0」の条件より、

$$5x^4 - 192x^3 + 1728x^2 - 200 = 0$$

　この4次方程式をニュートン法で解くと4つの解が出てくる。それぞれに対する利益も計算すると、次のようになる。

$x = -0.334012421$ → $P(x) = -19155.26\cdots$

$x = 0.34689641$ → $P(x) = -19246.02\cdots$

$x = 14.379892$ → $P(x) = 253110.29\cdots$

$x = 24.00722401$ → $P(x) = -24000.72\cdots$

これらのデータをもとに、$P(x)$ のグラフをかいてみよう。今度は $P(x)$ は5次関数であるが、5次関数のグラフの形はだいたい次のようになる。

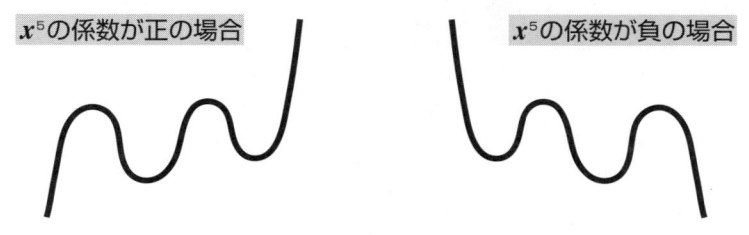

x^5 の係数が正の場合　　　　　x^5 の係数が負の場合

山の頂上と谷底の高低は、その他の係数によって決まる。さて、今の場合、$P(x)$ のグラフは次のようになっている。

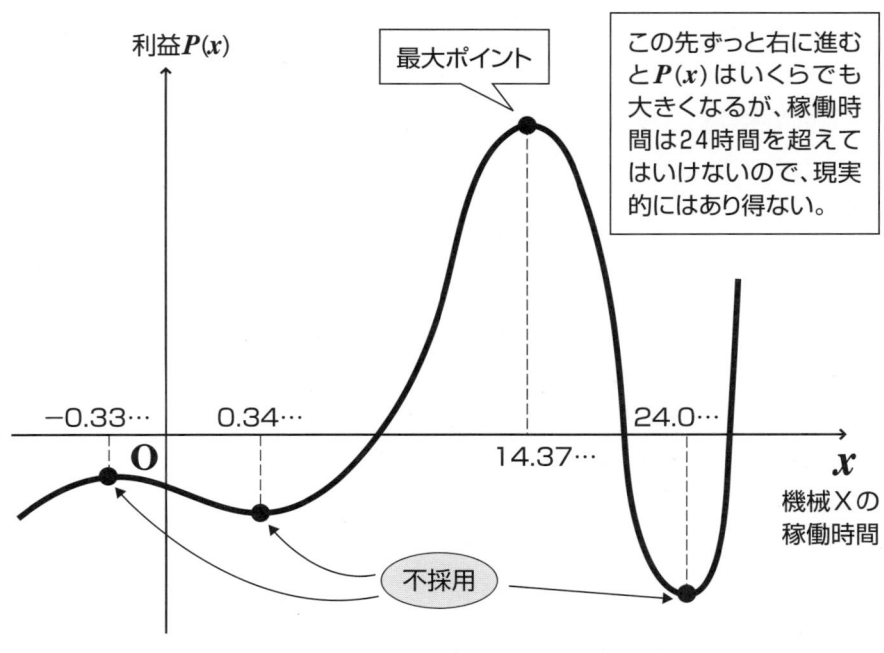

図4－3　利益 $P(x)$ のグラフ

以上より、利益が最大になるのは機械Xの稼働時間を約14.4時間とした場合である。さらに、132ページの数値と比べてみると、14091.37…から253110.29…へと最大利益の数値が大きくなっていることがわかる。つまり、機械の買い替えによって利益が増えるということだ。

関数のカスタマイズ②
生産手段が増えたら変数を追加した関数を作る

> 変数が多くなっても本質は変わらない。
> あとの計算はコンピュータに任せよう！

変数の追加

　稼働中の機械X、Yに加えて、新しい機械Zを導入することになった。この機械Zの生産能力パラメータをc、コストパラメータをrとする。また、稼働時間をzとすると、売上とコストは、

　　売上 $= x^a y^b z^c$

　　コスト $= px + qy + rz$

となる。これより、利益は次のように表すことができる。

　　利益 = 売上 − コスト

　　　　$= x^a y^b z^c - (px + qy + rz)$

　これはx、y、zの3変数関数であるが、24時間の制約条件を課すことにより、変数を1つ減らすことができる。それでも変数は2つ残るから、今度こそ「偏微分」の出番だ。

　2変数関数のグラフは、3つの軸からなる空間内の曲面であった。この曲面を山肌に見立てると、山の頂上、つまり関数の最大ポイントではx方向、y方向の接線の傾きが0になることから、「xで偏微分して0、yで偏微分して0」という条件が出てきた（76～81ページ）。

　条件が2つ出てくるので、方程式も2つあるはずである。変数はxとyだから連立方程式だ。「連立方程式なら中学生でも解ける」と思うかもしれないが、ここで出てくる連立方程式は30ページでやったものとは次元の違うものである。その計算例を示して、第4章の締めとしよう。

関数のカスタマイズ②

> "気持ちよく酔えるビールとワインと日本酒のチャンポンの比率"なんてのも偏微分で出せんもんかの？

第4章 微分応用

+α 変数をさらに追加すると…

　機械X、Y、Zに加えて機械Wを導入すると、変数は4つになる。24時間の制約条件で1つ減らしても3変数関数である。2変数関数のグラフは、xとyの2軸に垂直な第3の軸が関数の値を表していた。3変数関数のグラフをかくためにはx、y、zの3軸に垂直な第4の軸が必要になる。

　ところが、このような4つの軸は我我の生きる3次元空間には配置することができないので、頭の中で何となく想像してもらうしかない。しかし、たとえグラフが想像できないとしても、関数の式さえあれば「偏微分して0」によって、グラフの"山頂"を知ることができるのだ。

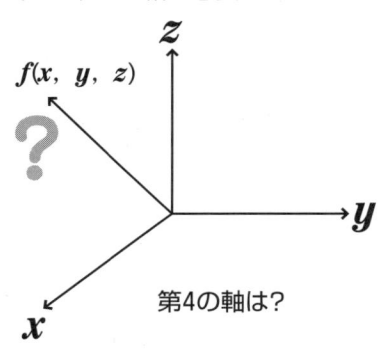

$f(x, y, z)$

？

第4の軸は？

偏微分から連立方程式へ

　さて、新たに導入する機械Zは生産能力・コストともに機械XとYの中間に位置しているとしよう。機械X、Yのパラメータの値は$a=3$、$b=1$、$p=1000$、$q=500$だったので、これらの間をとって$c=2$、$r=750$としよう。すると、利益は136ページの式に各パラメータの値を入れて、

$$利益 = x^3yz^2 - (1000x + 500y + 750z)$$

となる。

　ここで、例によって24時間の制約条件を加えよう。

$$x+y+z=24 \quad より、\quad y=24-x-z$$

これを利益の式のyに代入するとyが消去され、xとzの2変数関数になる（xかzを消去することもできるが、あとの計算式をできるだけ短くするために、ここではyを消去した）。これを改めて$P(x, z)$とおくと、

$$P(x, z) = x^3(24-x-z)z^2 - 1000x - 500(24-x-z) - 750z$$
$$= -x^4z^2 - x^3z^3 + 24x^3z^2 - 500x - 250z - 12000$$

　問題は、この$P(x, z)$を最大にするx、zはいくらかということだ。そのための条件が、

　　　xで偏微分$=0$、zで偏微分$=0$

というわけだ。実際に計算してみると、次のようになる。

$$P_x(x, z) = -4x^3z^2 - 3x^2z^3 + 72x^2z^2 - 500 = 0$$

$$P_z(x, z) = -2x^4z - 3x^3z^2 + 48x^3z - 250 = 0$$

　この2つの方程式を、xとzを未知数とする連立方程式とみて解かなければならない。連立方程式といっても、x、zについての5次式どうしの連立であり、中学数学で習う連立方程式を加減法で解くのとはわけが違う。つまり、次数も高いし難度も高いという2つの意味で「次元」が違う連立方程式なのだ。

　しかし、コンピュータを使えば、連立だろうと高次だろうと気にする必要はない。入力が多少面倒なだけだ。

えー　今回の3社による国際合弁事業において
最も大きな“WIN-WIN-WIN”を実現できる
出資比率は……
これも〈偏微分→連立方程式〉で解ける問題だ
お手並み拝見といこうか……

●コンピュータによる計算—連立方程式のニュートン法●

連立方程式を解くためのニュートン法を説明しよう。127ページで説明したニュートン法は、「関数$f(x)$のグラフの接線とx軸の交点」が「グラフとx軸の交点、つまり方程式$f(x)=0$の解」に近づいていくことを利用するものであった。連立方程式になると、2変数関数を考えることになるので、次のような形をした連立方程式を考えよう。

$$\begin{cases} f(x, y) = 0 \\ g(x, y) = 0 \end{cases}$$

76ページで見たように、2変数関数$z=f(x, y)$のグラフはx、y、z軸からなる3次元空間内の曲面になる。この曲面とxy平面の交わりが方程式$f(x, y)=0$の解を表すのであるが、曲面と平面の交わりは一般に曲線となるので、2つの方程式$f(x, y)=0$と$g(x, y)=0$からなる連立方程式の解は、xy平面内の2曲線の交点によって与えられることになる。

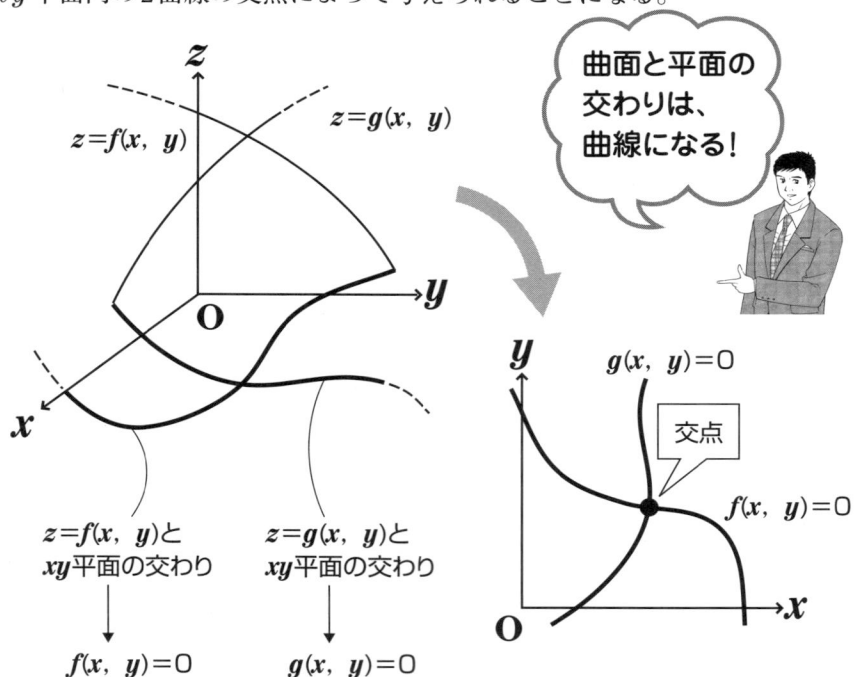

曲面と平面の交わりは、曲線になる！

$z=f(x, y)$とxy平面の交わり
↓
$f(x, y)=0$

$z=g(x, y)$とxy平面の交わり
↓
$g(x, y)=0$

さて、連立方程式のニュートン法の原理は、次の手順で説明できる。

① 初期値として、xy平面上の点$(x_0, y_0, 0)$をとる。
② 点$(x_0, y_0, f(x_0, y_0))$で曲面$z=f(x, y)$に接する平面をA、点$(x_0, y_0, g(x_0, y_0))$で曲面$z=g(x, y)$に接する平面をBとする。
③ 平面A、Bがxy平面と交わってできる直線を、それぞれa、bとする。
④ 直線a、bの交点を$(x_1, y_1, 0)$とする。

こうして、x_0とy_0の組からx_1とy_1が得られる。これを繰り返して、

$$x_0, y_0 \rightarrow x_1, y_1 \rightarrow x_2, y_2 \rightarrow \cdots$$

と求めていき、連立方程式の解に近づいていくというわけだ。

数式で書くと次のようになる。

ニュートン法の公式（連立方程式バージョン）

$$x_{n+1} = x_n - \frac{f(x_n, y_n)g_y(x_n, y_n) - f_y(x_n, y_n)g(x_n, y_n)}{f_x(x_n, y_n)g_y(x_n, y_n) - f_y(x_n, y_n)g_x(x_n, y_n)}$$

$$y_{n+1} = y_n - \frac{f_x(x_n, y_n)g(x_n, y_n) - f(x_n, y_n)g_x(x_n, y_n)}{f_x(x_n, y_n)g_y(x_n, y_n) - f_y(x_n, y_n)g_x(x_n, y_n)}$$

138ページで得られた連立方程式を解いてみよう。xとzの初期値を決めてニュートン法を実行する。初期値によって、いろいろな解が出てくるが、利益を最大にする解として次の値が得られる。

$$x = 11.9819, z = 8.00601$$

だいたい、$x=12$、$z=8$と考えて、残りのyは、

$$y = 24 - x - z = 4$$

となる。つまり、機械X、Y、Zの稼働時間の配分を$12:4:8$とすればよいのである。

COLUMN

自然なハンドルワークを可能にする「クロソイド曲線」とは?

　大規模商業施設のビルの駐車場には、クルクルとらせんを描いて上の階と下の階をつなぐ通路がある。この通路を上の階から下の階まで降りようとすると、ハンドルを常に一定の角度に切っておかなくてはならない。楽ちんといえば楽ちんかもしれないが、目が回る。

　しかもスピードが出すぎていると、目的の階に入ろうとして直線通路に移る瞬間、ハンドル操作を誤りそうになる。曲線部分から急に直線部分に移るため、大きなハンドル操作が必要になるからだ。また、下り坂で思いのほかスピードが出ていると、遠心力が大きく働くので、曲線部分から直線部分に移るとき、カーブの外側に飛ばされそうになる。

　これと同じことが一般道路でも起こる。直線道路からいきなりカーブに入ると、ハンドル操作が急になり、スピードが出すぎていると、遠心力によって車はカーブの外側に引っ張られる。そのため事故が起こりやすくなる。

　そこで、道路のカーブ部分には、クロソイド曲線という曲線が使われることが多い。日本語では緩和曲線ともいう。

　これは、カーブの始まり部分ではゆっくりハンドルを切り、次第に大きく切っていくようなカーブで、ハンドルを切る速さが一定になるようになっている。こうしてできた曲線がクロソイド曲線である。クロソイド曲線は、ドイツのアウトバーンで採用されたのが始まりである。

日本の一般道では、国道17号線の三国峠の近くにある部分がクロソイド曲線になっている。昭和27年に道路の改良工事が行われて国道に指定されたとき、カーブにクロソイド曲線が導入された。ここが日本の道路で初めてクロソイド曲線が導入された場所なので、近くにクロソイド曲線記念碑が建っている。これはクロソイド曲線を描いた大きな石碑だ。

　高速道路では、インターチェンジの円周に入る部分と出る部分にクロソイド曲線が使われている。高速走行から速度を落としながら出口に向かう部分なので、できるだけ緩やかなハンドル操作で、減速と方向変化を受け入れるためだ。

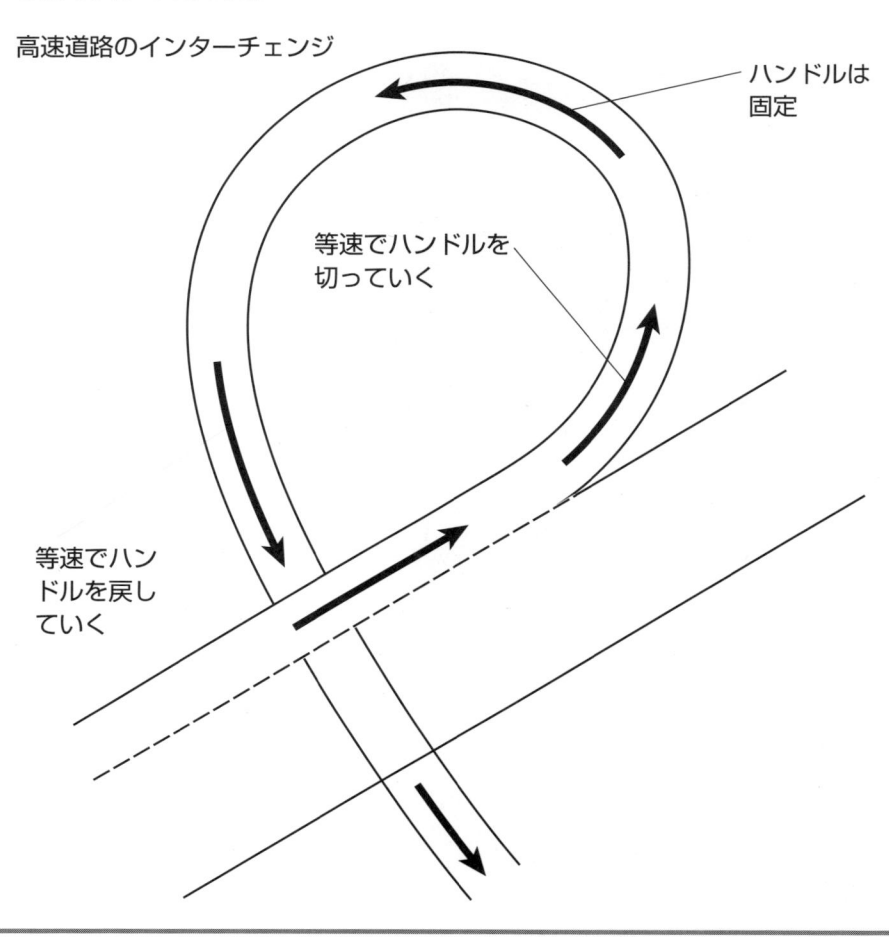

高速道路のインターチェンジ

ハンドルは固定

等速でハンドルを切っていく

等速でハンドルを戻していく

COLUMN

　クロソイド曲線は、ジェットコースターの軌道にも導入されている。ジェットコースターには宙返りをする軌道があるが、普通の円では、直線軌道から円軌道に移るときに、大きな荷重がかかってしまい危険である。クロソイド曲線の軌道上では、徐々に荷重がかかっていくようになるので、人体にとっても車体にとっても安全なのだ。

こんなところにもクロソイド曲線が…

　最後に、実際のクロソイド曲線を見ておこう。リンゴの皮を途中で切らずにむいたときにできる曲線に似ているのがわかる。

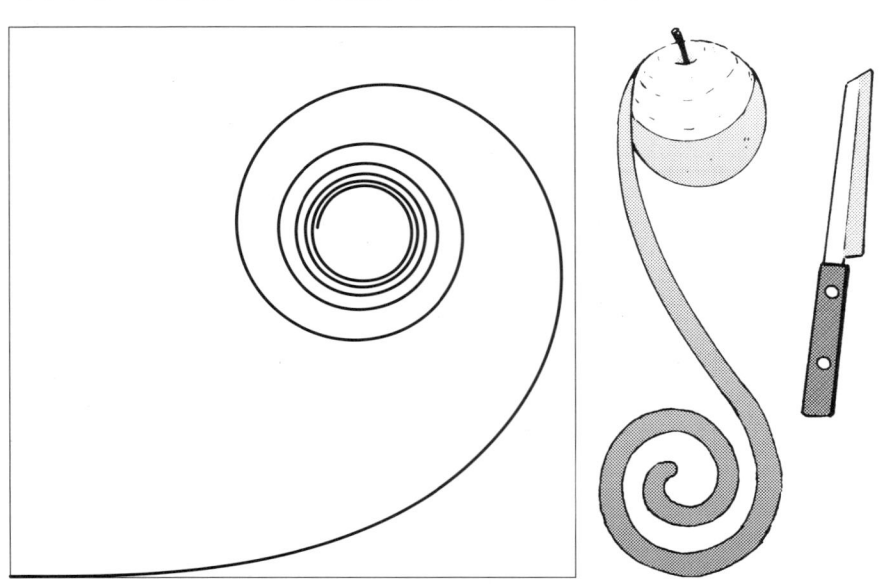

第5章
微積応用

物事の推移を予測し、マーケット分析に生かす

――人口はどう変わる？――

○本章のねらい
前章までの習得事項を踏まえつつ、微積の新しい概念と、式を立てる作業でのコンピュータの使い方を学ぶ。

○状況設定
スポーツクラブを運営する部門が、中規模都市A市に総合体育施設の建設を検討している。建設の是非そのものの検討はもちろんのこと、建設するとなれば、設備（プール、ジム、テニスコート、ゴルフ練習場…）の構成について長期的展望から検討することが必要となる。

そしてそれらの検討のためには、A市の人口推移の予測をできるだけ正確に行いたい。この予測に、微積とコンピュータを活用する。

微分と積分の関係
計算の出発点は「微分して積分するともとに戻る」という関係

> 微分と積分は、割り算と掛け算のように、互いに逆の関係にある演算だ。

　微分と積分の間には非常に重要な関係がある。54ページの微分の公式で、xのn乗のところを$n+1$乗にしてやると、

$$f(x) = x^{n+1} \quad \text{を微分すると} \quad f'(x) = (n+1)x^n$$

また、93ページの積分の公式より、

$$f(x) = x^n \quad \text{を積分すると} \quad F(x) = \frac{x^{n+1}}{n+1}$$

この2つの公式は、係数を無視して単純化すると、

　　微分：xの$n+1$乗がxのn乗になる

　　積分：xのn乗がxの$n+1$乗になる

ということである。さらに、

$$x\text{の}n+1\text{乗} \xrightarrow{\text{微分}} x\text{の}n\text{乗} \xrightarrow{\text{積分}} x\text{の}n+1\text{乗}$$

のように書くことができるだろう。つまり、

　　微分したものを積分すると、もとに戻る

ということである。

　この微分と積分の関係を関数$f(x)$に当てはめてやると、

$$f(x) \xrightarrow{\text{微分}} f'(x) \xrightarrow{\text{積分}} f(x)$$

となる。$f'(x)$を積分すると$f(x)$になるというところに注目しよう。

このような微分と積分の表裏一体の関係を利用するのが**微分方程式**である。微分方程式は、関数 $f(x)$ やその導関数 $f'(x)$ が満たす条件を等式で表したもので、関数 $f(x)$ が未知数（未知関数というべきか？）というところがふつうの方程式と違う。

敷地面積にさほど余裕はありません

テニスコートを選ぶこととゴルフ練習場をあきらめることは"表裏一体"です

そうか

実はこのプロジェクトでは計算の出発点も"表裏一体"なんだ

微分方程式①
物事の増加・減少のようすを方程式で表す

シミュレーションの考え方を理解しよう！
現象をよく観察し、単純化して考えることが大切だ。

現象を表すモデル

スポーツクラブを運営する部署が、A市に総合体育施設の建設を計画している。ここ数年のA市の発展を考えたうえでの計画であるが、施設の規模や設備などを決めるにあたっては、より詳しい情報が必要である。そこで、A市の人口が今後どのように変化するかを微分方程式を使って予測することにした。

人口推移のような現実の事象をモデル化し、数学やコンピュータを使って予測する手法を**シミュレーション**という。シミュレーションにはいくつかの手順がある。

シミュレーションの手順

① 現象を支配する本質的な要素を取り出し、単純化したモデルを作る。
② モデルを数学的に表現する。→微分方程式
③ 微分方程式を解く。→コンピュータの利用
④ 計算結果を検証する。

まずは、モデル作りからだ。人口の増減を決定する基本的な要素は、「出生」と「死亡」の2つだろう。出生により人口は増加し、死亡により人口は減少する。最も単純なモデルとして、人口の変化がこの2要素だけによって決まるという場合を考えよう。

微分方程式①

第 5 章 微積応用

増減を表す方程式

A市の人口推移のモデルは次のとおりである。
・人口の増加は「出生」のみとし、出生率は一定とする。
・人口の減少は「死亡」のみとし、死亡率は一定とする。

実は、このモデルはあまりに単純すぎて、計算しなくても結果は見えている。出生率＞死亡率なら人口は増え続け、出生率＜死亡率なら人口は減り続けるのだ。

このように、モデル作りの時点で計算結果を推測することも大事であるが、この場合、同じ増える（減る）のでも、どのように増えるのか（減るのか）まではわからない。それを教えてくれるのが微分方程式である。

A市の人口は時間の関数で表せるとして、時間xにおけるA市の人口を$f(x)$とする。たとえば、現在を$x=0$として、$x>0$の範囲で$f(x)$がどのように変化するかを調べるというわけだ。

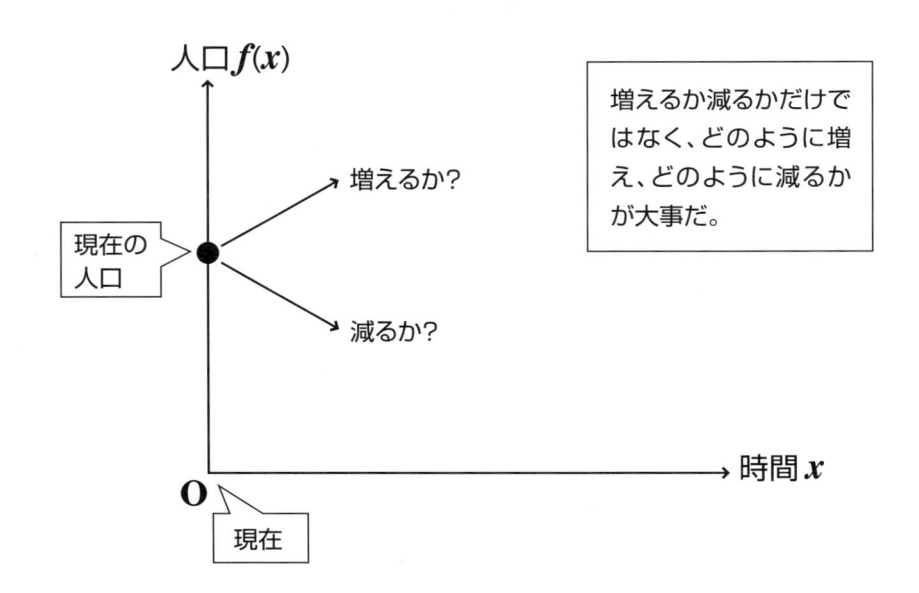

> 増えるか減るかだけではなく、どのように増え、どのように減るかが大事だ。

モデルを微分方程式で表す

人口 $f(x)$ の変化率（増加率あるいは減少率）を表すのは、$f(x)$ を微分した $f'(x)$ である。人口は「出生」により増加し、「死亡」により減少するので、人口 $f(x)$ に対する出生率 b と死亡率 d というパラメータを導入しよう。このモデルでは、一定の割合で生まれ、一定の割合で死ぬという単純化を行っているので、パラメータ b と d は定数である。この状況で、人口の増加と減少を式で表すと、

人口の増加＝出生率×人口＝$b \times f(x)$

人口の減少＝死亡率×人口＝$d \times f(x)$

となる。この2つを合わせたものが人口の変化 $f'(x)$ だから、次のような微分方程式ができる。

$$f'(x) = \underbrace{b \times f(x)}_{\text{増加分}} - \underbrace{d \times f(x)}_{\text{減少分}} = (b-d) \times f(x)$$

繰り返しになるが、

- $b > d$（出生率＞死亡率）なら人口は増える。
- $b < d$（出生率＜死亡率）なら人口は減る。

このことは、56ページの「微分係数の正負」と「関数の増減」の関係からもわかる。すなわち、

- $b > d$ のとき、$f'(x) > 0$ だから $f(x)$ は増加する。
- $b < d$ のとき、$f'(x) < 0$ だから $f(x)$ は減少する。

こうやって微分方程式を作ってみても、「人口が増えるか減るかはわかるが、どのように増減するのかはわからない」という状況に変わりはない。微分方程式の「解」を求める必要があるのだ。

> 増加分と減少分を別々に考えれば、その差し引きが人口の変化分になるのだ！

コンピュータの利用①

物事の増加・減少のようすを表す方程式を、実際に解く

> コンピュータによる微分方程式の解き方のイメージをつかもう！

微分方程式の解き方

　微分方程式は、ある未知関数$f(x)$の導関数$f'(x)$が満たす条件を、等式で表したものである。そして、その未知関数$f(x)$を求めることを微分方程式を解くという。ここでは微分方程式を、その解き方によって、2種類に分けてみよう。1つ目は、解を、

$$f(x) = x + 3, \quad f(x) = x^2 - 4x$$

というように式で求める場合だ。実は、このように解を式で表せる微分方程式は滅多になく、大部分の微分方程式は「これが解の式です」というようにスパッと解けるようにはなっていない。そんな微分方程式の解をコンピュータで求めようというのが、2つ目の解き方である。

　コンピュータで解を求める場合は、あらかじめ変数xを0、0.01、0.02、……というように細かく区切っておき、各xに対して関数$f(x)$の値を計算していく。つまり、コンピュータは

$$f(0) = ?、\quad f(0.01) = ?、\quad f(0.02) = ?、\cdots\cdots$$

というように、とびとびのxに対して関数$f(x)$の値を出してくれるのだ。

　一般に関数$f(x)$といったときは、変数xはどんな値もとり得る連続量であるが、コンピュータの解における変数xは分離量になるということだ。

　ロケットや隕石の軌道計算、気象予報のシミュレーションもみな同じである。現象やそれを表す数式は複雑になっても、変数を細かく区切り分離量にして計算するというアプローチは同じだ。

コンピュータの利用①

コンピュータで求める微分方程式の解のイメージ

細かく刻んだ x に対して、y の値を計算していく。

⬇

(x, y) の組がたくさんできる。
これがコンピュータによる解

⬇

(x, y) の組を座標と思えばグラフもかける。

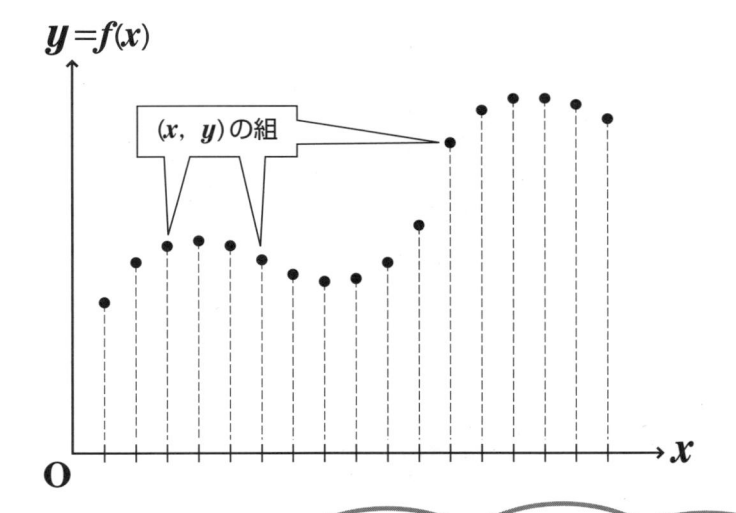

⬇

$y = f(x)$

(x, y) の組

37ページで説明した「関数のグラフ」では関数の式がわかっていたが、微分方程式では関数の式がわからないのにグラフがかけるのだ！

第5章 微積応用

解を求める仕組み

　コンピュータが微分方程式を解く仕組みを説明しよう。コンピュータは連続量を扱うことができないので、まず、変数xを細かく刻んで、

　　　0、0.01、0.02、……

というように分離量にしておく。コンピュータが微分方程式を解くときは、このとびとびになったxの値に対して、

　　　$f(0)$　→　$f(0.01)$　→　$f(0.02)$　→　……

と、関数$f(x)$の値を順番どおりに計算していくのだ。$f(0)$がわかったら$f(0.01)$がわかり、$f(0.01)$がわかったら$f(0.02)$がわかる、という具合だ。問題は、$f(0)$がわかったときに、どうやって$f(0.01)$を求めるかだ。

　コンピュータは、$f(0)$がわかったときに、$f'(0)$を手がかりにして$f(0.01)$を計算する。そして次に、$f'(0.01)$を手がかりにして$f(0.02)$を計算する。この繰り返しでコンピュータは微分方程式の解を計算しているのだ。

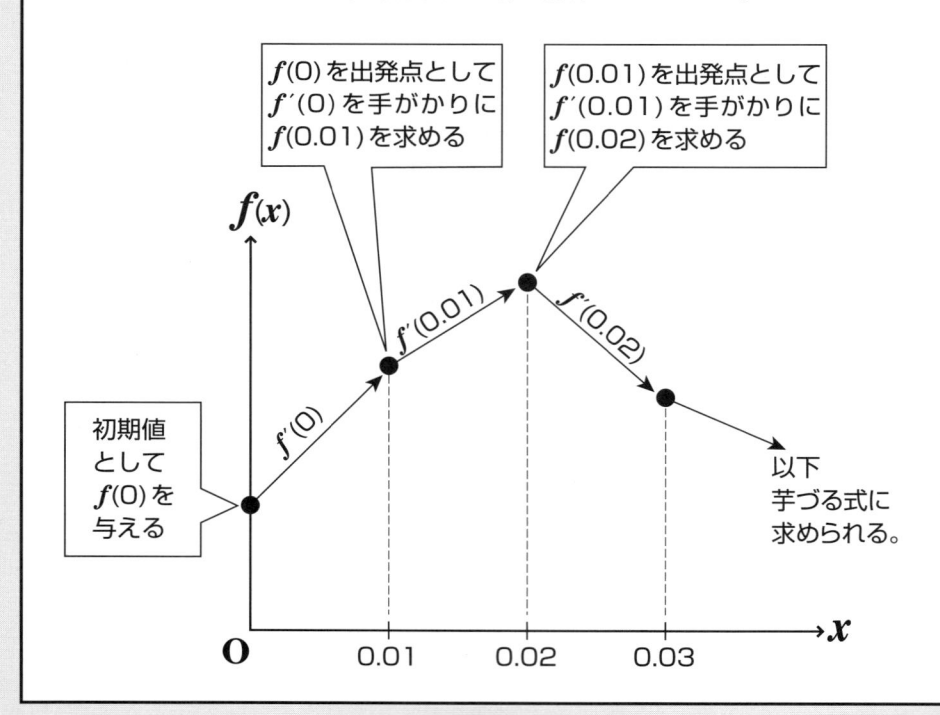

$f(0)$を出発点として$f'(0)$を手がかりに$f(0.01)$を求める

$f(0.01)$を出発点として$f'(0.01)$を手がかりに$f(0.02)$を求める

初期値として$f(0)$を与える

以下芋づる式に求められる。

よくある応用例は、空中を飛んでいく物体の軌道計算だ。ゴルフでボールを打ったときの弾道を思い浮かべてほしい。よく放物運動といったりするが、重力の法則を取り入れた微分方程式を作り、初期条件として初速度を与えれば、放物線の軌道が決まる。より現実的なモデルとして、風の強さや向き、ボールの回転など様々な条件を考慮した微分方程式を作ることもできる。

第5章　微積応用

「ナイスショット！」

「ゴルフ練習場をこれで済ませればテニスコートのスペースも確保できそうだ」

コンピュータによる計算—人口の増減

151ページで見たように、出生と死亡による人口変化を表す微分方程式は、

$$f'(x) = (b-d) \times f(x)$$

という形で表せた。ここで、$f(x)$は時間xにおける人口、bとdはそれぞれ出生率と死亡率を表すパラメータである。

2つのパラメータの値を設定し、初期値として$f(0)$、つまり$x=0$のときの$f(x)$の値を決めてコンピュータで計算すると、ある一定時間ごとの$f(x)$の値が出てくる。

$f(0)=1$、時間刻み0.1として、$b-d$の値をいろいろに変えて計算すると、次の表のような値が得られる。

$b-d$のいろいろな値に対する$f(x)$の変化

時間x \ $b-d$	−0.5	−0.3	−0.1	0.1	0.3	0.5
0	1	1	1	1	1	1
1	0.6065	0.7408	0.9048	1.1052	1.3499	1.6487
2	0.3679	0.5488	0.8187	1.2214	1.8221	2.7183
3	0.2231	0.4066	0.7408	1.3499	2.4596	4.4817
4	0.1353	0.3012	0.6703	1.4918	3.3201	7.3891
5	0.0821	0.2231	0.6065	1.6487	4.4817	12.182
6	0.0498	0.1653	0.5488	1.8221	6.0496	20.086
7	0.0302	0.1225	0.4966	2.0138	8.1662	33.115
8	0.0183	0.0907	0.4493	2.2255	11.023	54.598
9	0.0111	0.0672	0.4066	2.4596	14.88	90.017
10	0.0067	0.0498	0.3679	2.7183	20.086	148.41

【表の見方】

時間0.1刻みの計算だが、スペースの都合で、1ごとの値を載せている。

この表を見ると、$b-d$ がマイナスのときは人口は減少していき、プラスのときは人口は増加していく。また、減少・増加の程度は、$b-d$ の絶対値が大きいほど大きくなっている。この結果は、計算するまでもなく直感的に納得のいくものだろう。

人口の変化を視覚的にとらえるため、グラフをかいてみよう。$x=0$ のときの人口を1として、どのように変化していくかがよくわかる。

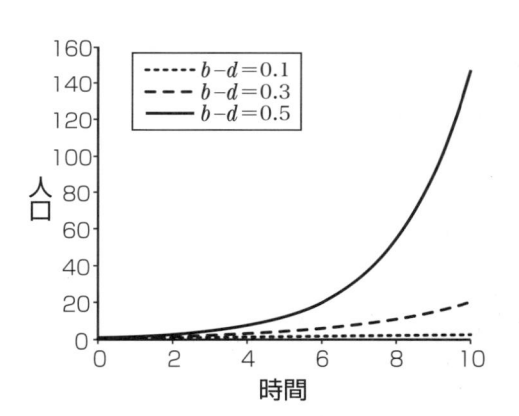

図5－1　$b>d$ のときの人口変化

> $b>d$ のとき、人口はどこまでも増え続ける。逆に $b<d$ のとき、人口は減り続け、どんどん0に近づいていく。

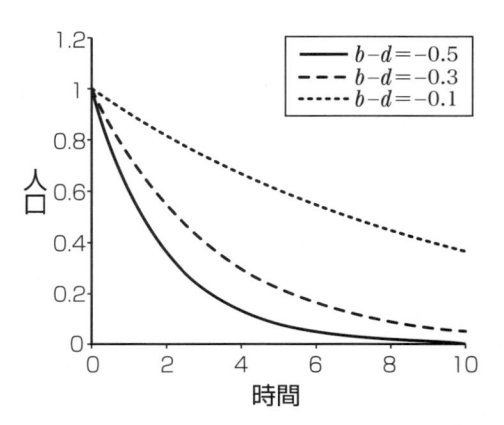

図5－2　$b<d$ のときの人口変化

> この変化は指数関数を表している。ものすごい勢いで数が増えることをよく「指数関数的増加」といったりするが、その指数関数だ。実は、22ページの利息計算にも指数関数が隠れていたんだ。

微分方程式②
複数の物事の増加・減少のようすを方程式で表す

> 複数の物事の変化を扱うときは、互いにどのように影響し合っているかをつかむことが大事だ。

より現実的なモデル

人口推移モデルに「成長」という要素を追加し、より現実的なモデルを考えよう。「成長」によって総人口は変化しないが、世代別人口の変化を追うことができる。0～14歳を世代X、15～64歳を世代Y、65歳以上を世代Zとすると、

　　　　出生→世代X→世代Y→世代Z→死亡

という流れができるので、成長により世代Xの人口が減った分、世代Yの人口が増えるといったことをモデルに組み入れることができるのだ。さらに現実的な要素として「転入」と「転出」も考慮に入れよう。転入により人口は増加し、転出により人口は減少する。

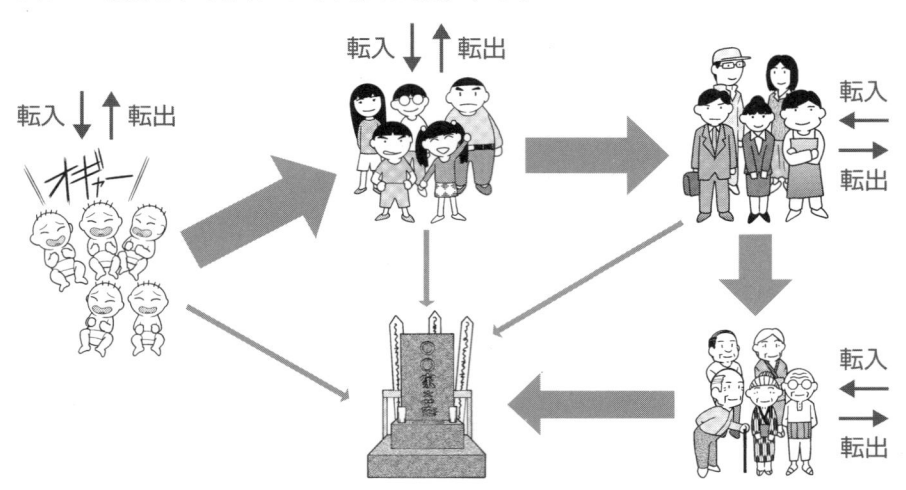

出生、死亡、成長、転入、転出の5要素は各世代人口の増加あるいは減少のどちらかに寄与する。

・出生は、世代Xの増加
・死亡は、世代X、Y、Zの減少
・成長は、世代Xの減少と世代Yの増加、世代Yの減少と世代Zの増加
・転入は、世代X、Y、Zの増加
・転出は、世代X、Y、Zの減少

各パラメータの値は、たとえば、死亡率は世代Zが一番高い、子どもを産むのは世代Yだけなど、いろいろ現実的な設定が可能である。

連立微分方程式

世代X、Y、Zの人口変化を表す微分方程式を作ってみよう。まず、各世代の人口の増減は、それぞれ次の表のように決まると考えられる。

各世代の人口の増加・減少要因の内訳

	Xが○○する	Yが○○する	Zが○○する
Xが増える	転入	出産	
Xが減る	世代移動、転出、死亡		
Yが増える	世代移動	転入	
Yが減る		世代移動、転出、死亡	
Zが増える		世代移動	転入
Zが減る			転出、死亡

【表の見方】
「Xが増える」の横列は、世代Xの人口が増える要因として「Xが転入する」と「Yが出産する」の2つがあることを示している。「Xが減る」の横列は、世代Xが減る要因として「Xが成長しYに世代移動する」「Xが転出する」「Xが死亡する」の3つがあることを示している。

各世代の人口の増減数を式で表すと、
　　世代Xの変化＝Xが転入する数＋Yが出産する数
　　　　　　　－Xが世代移動する数－Xが転出する数
　　　　　　　－Xが死亡する数
　　世代Yの変化＝Xが世代移動する数＋Yが転入する数
　　　　　　　－Yが世代移動する数－Yが転出する数
　　　　　　　－Yが死亡する数
　　世代Zの変化＝Yが世代移動する数＋Zが転入する数
　　　　　　　－Zが転出する数－Zが死亡する数

世代X、Y、Zの人口をそれぞれ$f(x)$、$g(x)$、$h(x)$として、微分方程式を作ろう。「世代Xの変化」を$f(x)$の微分$f'(x)$で表し、「Xが○○する数」を○○率×$f(x)$というように表せば、

$$\begin{cases} f'(x) = \text{Xの転入率} \times f(x) + \text{Yの出産率} \times g(x) \\ \quad - \text{Xの世代移動率} \times f(x) - \text{Xの転出率} \times f(x) - \text{Xの死亡率} \times f(x) \\ g'(x) = \text{Xの世代移動率} \times f(x) + \text{Yの転入率} \times g(x) \\ \quad - \text{Yの世代移動率} \times g(x) - \text{Yの転出率} \times g(x) - \text{Yの死亡率} \times g(x) \\ h'(x) = \text{Yの世代移動率} \times g(x) + \text{Zの転入率} \times h(x) \\ \quad - \text{Zの転出率} \times h(x) - \text{Zの死亡率} \times h(x) \end{cases}$$

という3つの微分方程式ができる。3つの未知関数$f(x)$、$g(x)$、$h(x)$に対して3つの微分方程式からなる連立微分方程式である。

+α 連立微分方程式で表される現象

　自然や日常生活で見られる現象をモデル化し微分方程式で表して、その将来を予測するという手法は、たとえ単純化したモデルであっても、現実をよく再現することが可能で、役に立つことが多い。

　たとえば、ある地域のウサギの個体数と、それをエサとするキツネの個体数を計算する生態系モデルがある。キツネがいなければウサギは増え続け、ウサギがいなければキツネは減り続ける。このモデルに相互作用の効果を加味して作った連立微分方程式を解いてやると、ウサギが減るとキツネも減り、そうすると今度はウサギが増え始めるといった実際に起こっているような生態系のバランスを再現できる。

　また、インフルエンザなどの感染症の感染モデルもよく知られている。ある地域の住民を、「現在感染している」「これから感染する可能性がある」「もう回復して免疫がついた」「感染により死亡した」などのグループに分け、感染率や死亡率などのパラメータを入れて微分方程式を作る。いろいろな初期条件のもとで微分方程式を解いてやると、どのような初期条件のときに大流行が起こるかということがわかり、事前に対策を打つことが可能となる。

コンピュータの利用②
複数の物事の増加・減少のようすを表す方程式を、実際に解く

> 難しい微分方程式も、コンピュータによる解を視覚化すると、何かが見えてくる。

連立微分方程式の考え方

　前ページで作った連立微分方程式は、3つの関数 $f(x)$、$g(x)$、$h(x)$ を未知の関数とする3つの微分方程式からなっている。151ページで見た人口変化の微分方程式では、関数は $f(x)$ だけなので $f(x)$ の変化を決めるのは $f(x)$ 自身であるが、関数が2つ以上になると、互いの変化に影響し合うので複雑になってくる。しかし、関数が1つでも2つでも基本的な原理は変わらないし、計算はコンピュータがやってくれるので心配は無用である。

　ためしに関数が2つの場合の、次のような連立微分方程式を考えてみよう。$f(x)$ の変化は $f(x)$ 自身と $g(x)$ によって決まり、$g(x)$ の変化は $g(x)$ 自身と $f(x)$ によって決まる。

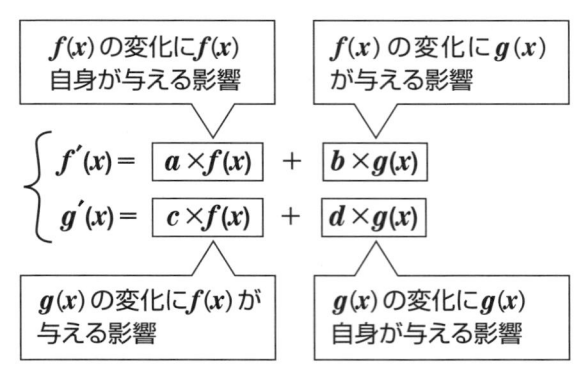

$$\begin{cases} f'(x) = \boxed{a \times f(x)} + \boxed{b \times g(x)} \\ g'(x) = \boxed{c \times f(x)} + \boxed{d \times g(x)} \end{cases}$$

- $a \times f(x)$：$f(x)$ の変化に $f(x)$ 自身が与える影響
- $b \times g(x)$：$f(x)$ の変化に $g(x)$ が与える影響
- $c \times f(x)$：$g(x)$ の変化に $f(x)$ が与える影響
- $d \times g(x)$：$g(x)$ の変化に $g(x)$ 自身が与える影響

　互いに与える影響の方向および強弱は、パラメータ a〜d の値によって決まってくる。

実際に連立微分方程式の解を求める仕組みを説明しよう。関数が1つの場合と同様、まずは初期条件を決める。初期値は$f(0)$と$g(0)$、つまり$x=0$のときの$f(x)$と$g(x)$の値を決めればよい。そして、xの刻み幅を決めれば、あとは「芋づる式」に計算できる。

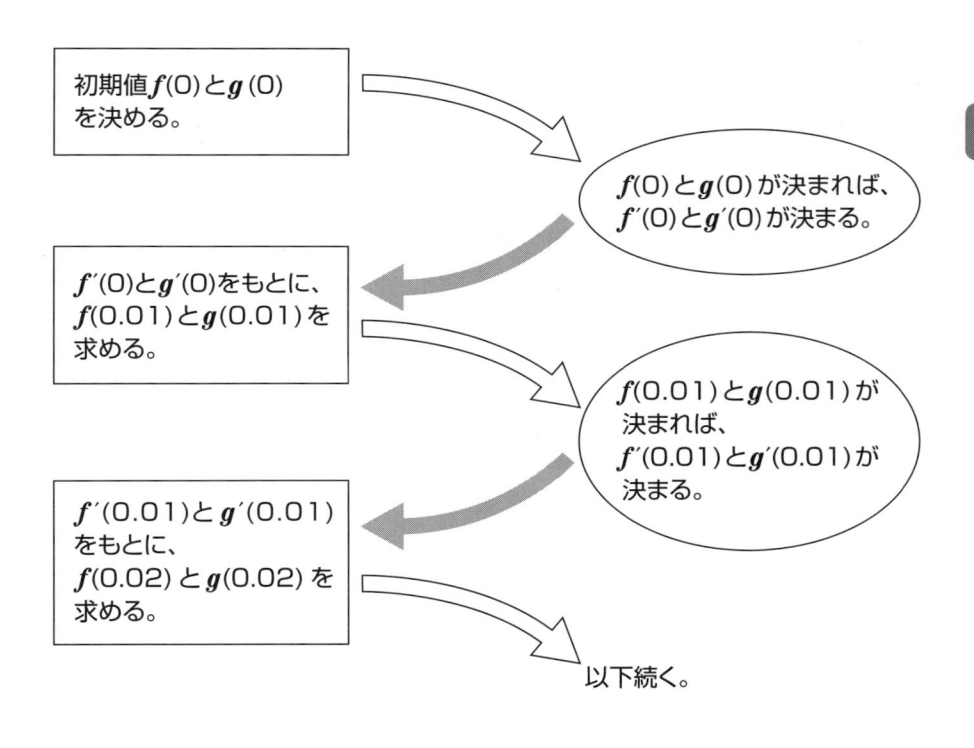

初期値$f(0)$と$g(0)$を決める。

$f(0)$と$g(0)$が決まれば、$f'(0)$と$g'(0)$が決まる。

$f'(0)$と$g'(0)$をもとに、$f(0.01)$と$g(0.01)$を求める。

$f(0.01)$と$g(0.01)$が決まれば、$f'(0.01)$と$g'(0.01)$が決まる。

$f'(0.01)$と$g'(0.01)$をもとに、$f(0.02)$と$g(0.02)$を求める。

以下続く。

関数の数が増えても原理は同じだ。このように単純な手続きを繰り返す作業はコンピュータの最も得意とするところなんだ。

コンピュータによる計算―世代別の人口変化

ようやく、A市の世代別人口の推移を調べる準備が整った。161ページの連立微分方程式のパラメータ（○○率）の値と初期値（各世代の$x=0$での人口）を決めてやればよい。あとはコンピュータが計算してくれる。

パラメータの値や初期値は、A市の実状に即して決めるのがよい（168ページも参照のこと）。ここでは、2つのケースについて調べてみよう。

●ケース1

	転入率	転出率	世代移動率	死亡率	出産率
X	0.02	0.01	0.03	0.01	
Y	0.03	0.02	0.01	0.01	0.02
Z	0.02	0.01		0.02	

初期値を$f(0)=0.15$、$g(0)=0.65$、$h(0)=0.2$とし、時間の刻み幅を0.1として計算した結果が次の表である。

時間x	$f(x)$	$g(x)$	$h(x)$	全人口
0	0.15	0.65	0.2	1
1	0.1584	0.6481	0.2045	1.011
2	0.1664	0.6465	0.2089	1.0218
3	0.1742	0.6452	0.2132	1.0326
4	0.1818	0.6441	0.2175	1.0434
5	0.1891	0.6432	0.2218	1.0541
6	0.1962	0.6426	0.2259	1.0647
7	0.203	0.6421	0.2301	1.0752
8	0.2097	0.6419	0.2342	1.0858
9	0.2161	0.6419	0.2382	1.0962
10	0.2224	0.642	0.2423	1.1067

コンピュータの利用②

　数値を眺めているだけでは全体の変化がわからない。得られた結果をグラフにして視覚化したのが次の図である。世代X、Y、Zのほか、全人口のグラフもあわせてかいてある。

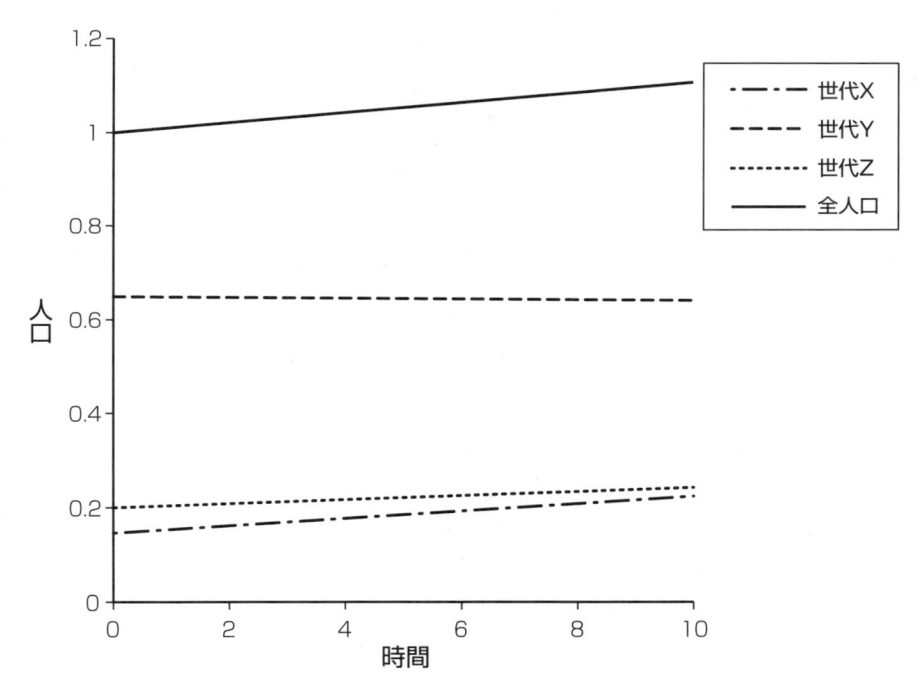

図5－3　世代別および全人口の推移予測（ケース１）

> 世代XとZは順調に増えているが、世代Yはあまり変わらないようだ。全体としては、今後人口の増加が予想される。

●ケース2

	転入率	転出率	世代移動率	死亡率	出産率
X	0.03	0.01	0.03	0.01	
Y	0.05	0.03	0.01	0.01	0.03
Z	0.02	0.02		0.02	

ケース1と同様、初期値を $f(0) = 0.15$、$g(0) = 0.65$、$h(0) = 0.2$ とし、時間の刻み幅を0.1として計算した結果が次の表である。

時間 x	$f(x)$	$g(x)$	$h(x)$	全人口
0	0.15	0.65	0.2	1
1	0.1664	0.6547	0.2025	1.0237
2	0.1826	0.66	0.205	1.0476
3	0.1987	0.6657	0.2075	1.0719
4	0.2146	0.6719	0.21	1.0966
5	0.2304	0.6786	0.2125	1.1216
6	0.2461	0.6857	0.2151	1.1469
7	0.2617	0.6933	0.2177	1.1727
8	0.2773	0.7014	0.2202	1.199
9	0.2927	0.71	0.2229	1.2256
10	0.3082	0.719	0.2255	1.2527

+α 変数 x の刻み幅について

微分方程式をコンピュータで解くときには、変数 x の刻み幅を決める必要がある。本来連続量である変数を分離量に変えて計算するわけだから、刻み幅が大きすぎると精度が悪くなる。だからといって、刻み幅をいくらでも小さくとればよいということでもない。計算時間と目的をよく考えて、刻み幅を決めるのがよい。

ケース1と同様に、得られた結果をグラフにすると次の図のようになる。ケース1と見比べて、各パラメータの値がどういう影響を及ぼすのかを考えてみよう。とくに、出産率を高くしたことによる影響が表れていることがわかる。

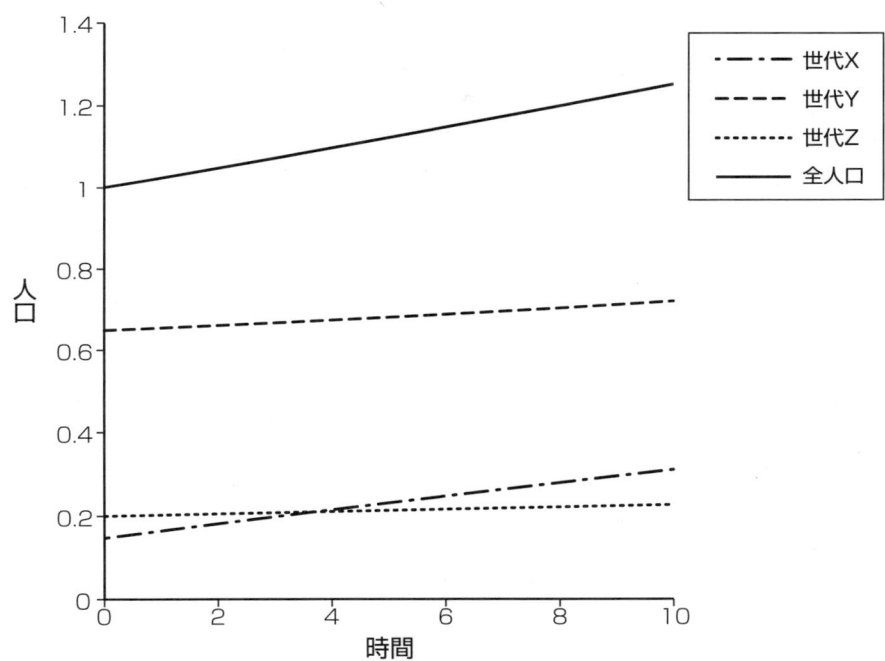

図5－4　世代別および全人口の推移予測（ケース2）

> 各世代とも増加の予想だ。とくに、世代Xの伸びが目立つので、将来を見据えて、子ども向け施設の充実を検討すべきだ。

方程式のカスタマイズ
イベントの予定を方程式に反映し、正確なマーケット分析につなげる

> 状況に応じて、微分方程式をカスタマイズしよう。

　状況の変化に応じてパラメータの値を変えることにより、様々なケースに対応できるように微分方程式をカスタマイズすることができる。たとえば、次のような状況を考えよう。

　施設の建設予定地近くに、大規模マンション着工予定の情報が入った。総戸数や間取りプランから考えて若いファミリー向けのようだから、世代X、Yの増加率が大きくなると予想される。この場合は、世代X、Yの転入率を大きくすることで、微分方程式を現実に合わせることができるだろう。

　パラメータの値を変更すると微分方程式の見た目は変わり、人口の増減が逆になるなど、解自体が大きく変わってしまう可能性はあるが、コンピュータがやることは今までと同じである。コンピュータが出した結果を、どのようにとらえるかが大事なのである。

微分方程式のカスタマイズの例

マンションが建つらしい　→　　転入率を大きくする

子ども手当が支給されるらしい　→　　出産率を大きくする

最先端の医療機関ができるらしい　→　　死亡率を小さくする

方程式のカスタマイズ

第5章 微積応用

妥当な
カスタマイズ
だったかどうかは
これから明らかに
なるんだ……

COLUMN
明日の株価は微積で読める!?

　微分は、瞬間瞬間の変化率を調べるための道具であり、世の中のあらゆる事象の変化を分析するときに非常に役に立つ。一見ランダムに起こっているようでも、そこになんらかの規則性があれば、微分方程式で解を得ることができる。

　しかし、完全にランダムな事象は微分方程式では解くことができない。たとえば、フラクタル図形やブラウン運動がある。

　フラクタル図形とは、規則性を持った形が繰り返し現れる図形で、拡大していくと、次々と相似な図形が現れるものをいい、自然界にもよく見られる形である。たとえば、リアス式海岸の輪郭や、枝分かれした樹木の輪郭線などがフラクタル図形である。

　ブラウン運動とは、花粉が破裂して出てきた細かな粒子が水面上でブルブルと不規則な運動を繰り返す現象のことをいう。1740年にイギリスのニーダムが発見し、1827年に同じくイギリスの植物学者ブラウンが理論を解明したのでブラウン運動と呼ばれている。

　ブラウン運動は、水の分子どうしがランダムにぶつかり合うことによる揺らぎが原因で起こっている。

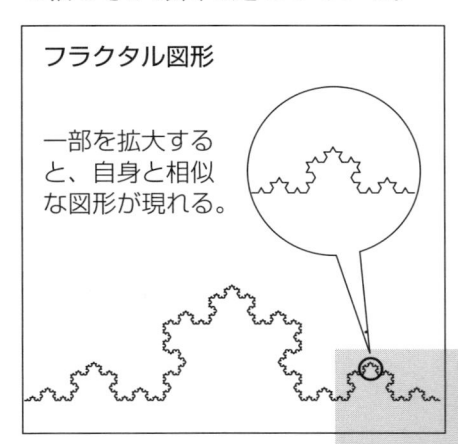

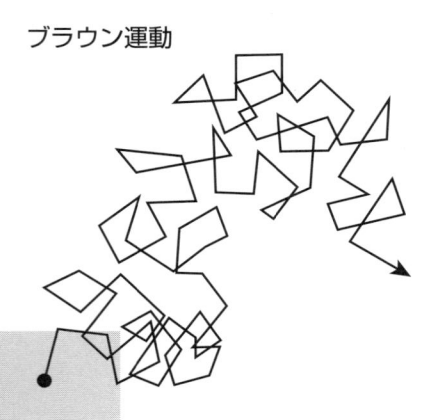

フラクタル図形

一部を拡大すると、自身と相似な図形が現れる。

ブラウン運動

また、自然現象だけでなく、以前は金融などの経済の動きも数学では予測不可能であると思われていた。しかし、1970年代になって、経済や金融の動きを予測できる方程式が登場した。ブラック－ショールズ微分方程式である。

　ブラック－ショールズ微分方程式は、1973年に、アメリカ人のフィッシャー・ブラックとマイロン・ショールズが共同で発表したもので、先物や証券などの金融取引、ストックオプションの計算などで最適解を求めることができる方程式である。この方程式の発表を契機として、金融工学と呼ばれる、最小投資で最大利益を最短期間で求める新しい手法が普及していった。マイロン・ショールズは、この業績によって1997年にノーベル経済学賞を受賞している。

　この頃からアメリカは、この微分方程式を応用した金融工学により、数多くの金融商品を開発していくようになる。そのおかげで、アメリカ経済は大きく発展していったかのように見えたのだが、2008年秋、サブプライムローンの破綻をきっかけとして、大手証券会社のリーマン・ブラザーズが倒産、そして世界同時不況が始まり、市場原理主義は反省を強いられるようになった。

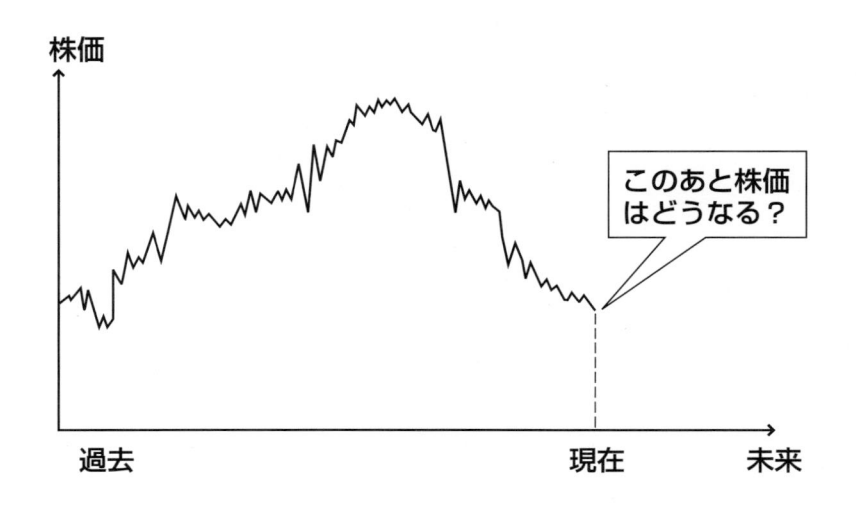

COLUMN

　ブラック−ショールズ微分方程式の発明により、金のなる木を手に入れたかのように思われたショールズだが、後に彼が役員を務めたヘッジファンドは倒産している。本当に完璧な方程式なら倒産するはずはないわけだが、実際の金融は発明者にとっても最終的には予測不可能であったということだ。

　なぜなら、そこに人間の心が絡んでくるからである。人間の心は、計算では読めない。常に論理的であるとは限らないからだ。

　たとえば、株価の変動を完全に予測できる方程式が発明されたとしよう。すると、誰もがその方程式を使って株取引をしようとする。誰もが同じことをすれば、うまくいかないとわかっていてもやってしまうのだ。その結果、最適解はすべての投資家にとって同じものになってしまう。利益は、情報を独占することによって生まれる。情報が平準化してしまったらそこに利益は存在しない。

　もう1つ、人間の欲も原因となる。欲は論理ではなく感情である。感情は論理を曇らせる。

　というわけで、「株価が予測できるか？」といえば、これは人間の心を読むよりも難しい。まあ、だからこそいろんな人間ドラマがあり、それはそれで人生の華と考えれば、いいのかもしれないが。

付　録

- **微積活用の必須ツール**
Microsoft Excel ミニ操作ガイド

- **さくいん**

微積活用の必須ツール
Microsoft Excel ミニ操作ガイド

　ここでは、人口の増減を表す微分方程式（151ページ）を例にとり、Excelで微分積分の計算を行うときの具体的な操作法を説明する。微分方程式を通してExcelの活用法を学べば、微分積分とExcelの関係がよく見えてくるはずで、微分積分関連の他の項目にExcelを活用できるかどうかは、純粋な意味での操作法を知っているかどうかの問題である。Excelの操作法に関する知識は、数多く出回っている操作解説書からいくらでも入手可能だ。

Excelを使った計算の基本

① セルに計算式を入力する

　Excelの1つのセルの中で計算ができる。たとえば、[A1]（A列の1行目のセル）に「=5+2」と入力すると（以下、Excel入力はすべて半角）、足し算が実行されて、[A1]に「7」が表示される。また、「=3*4/2」と入力すれば、3×4÷2という計算が実行され、「6」と表示される。

　なお、Excelでは、足し算は「+」、引き算は「-」、掛け算は「*」、割り算は「/」、累乗は「^」で表すことになっている。

・[A1]の中で5+2＝7という計算を行う

	A	B
1	=5+2	
2		
3		
4		

[A1]に「=5+2」と入力する。

↓

	A	B
1	7	
2		
3		
4		

[A1]に5＋2の答えの「7」が表示される。

・[A1]の中で3×4÷2=6という計算を行う

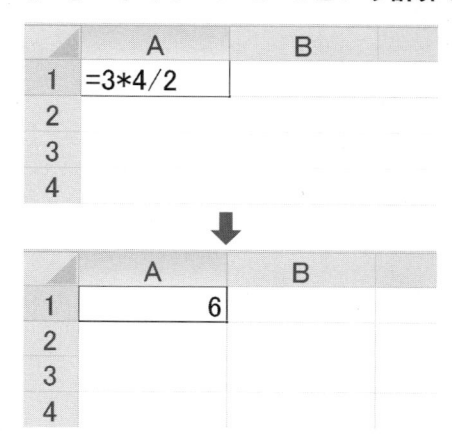

	A	B
1	=3*4/2	
2		
3		
4		

[A1]に「=3*4/2」と入力する。

↓

	A	B
1	6	
2		
3		
4		

[A1]に3×4÷2の答えの「6」が表示される。

② 他のセルの数値を参照する

　[A1]の計算結果を100倍したものを[B1]に表示したいときは、[B1]に「=A1*100」と入力すればよい。これは、「[A1]の数値を参照し、それに100を掛けた値を表示する」という意味である。あるセルに他のセルの番地を入力すると、そのセルの数値を参照することができるのだ。

・[A1]に出た「6」を100倍した値を[B1]に表示する

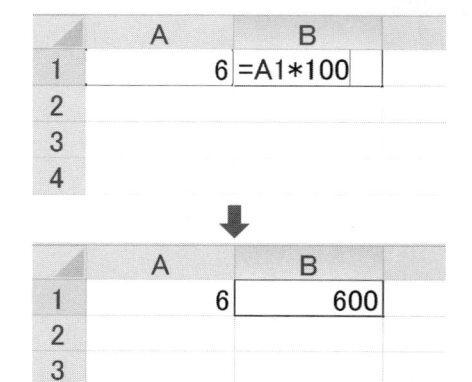

	A	B
1	6	=A1*100
2		
3		
4		

[B1]に「=A1*100」と入力する。

↓

	A	B
1	6	600
2		
3		
4		

[B1]に6×100の答えの「600」が表示される。

③ 連続データを入力する

　たとえば、[A1]に「1」、[A2]に「2」、[A3]に「3」…というように連続した数値を入力したいとする。10くらいまでなら直接入力しても大した手間ではないが、100まで入力したいとなると、かなり面倒である。こんなときに便利な技がある。

　まず、[A1]に「1」、[A2]に「2」を入力する。次に[A1]と[A2]を同時に選択し、カーソルを[A2]の右下に合わせる。すると、マウスポインタが「＋」の形になるはずだ。そのままマウスを真下にドラッグしていくと、下に続くセルに、「3」「4」「5」…と連続した数値が自動的に入力されていく。

- **[A1]に「1」、[A2]に「2」、[A3]に「3」…という規則で、[A20]まで入力する**

[A1]に「1」、[A2]に「2」を入力し、2つのセルを同時に選択する。

カーソルを[A2]の右下に合わせると出てくる「＋」を、真下に[A20]までドラッグする。

[A20]でマウスから指を離せば、[A20]までの連続入力が完成する。

④ グラフをかく

36ページでは、xとyの値の組(x, y)のことを座標といった。Excelにいくつかの点の座標の数値を与えてやれば、簡単な操作でグラフをかくことができる。たとえば、99ページの表3-3のデータを座標で表すと、(0, 51)、(1, 100)、(2, 119)、(3, 116)、(4, 98)、(5, 72)、(6, 46)、(7, 27)、(8, 22)となるが、ここでは、これらの点のすべてを通るなめらかな曲線のグラフをかいてみよう。

まず、A列をx座標とし、[A1]に「0」、[A2]に「1」、[A3]に「2」…と入力する。次に、B列をy座標とし、[B1]に「51」、[B2]に「100」、[B3]に「119」…と入力する。

さらに[A1]から[B9]までのセル全体を選択し、[挿入]タブ→[グラフ]→[散布図]→[散布図(平滑線)]とクリックしていけば、グラフのできあがりである。

[A1]から[B9]までのセル全体を選択する。

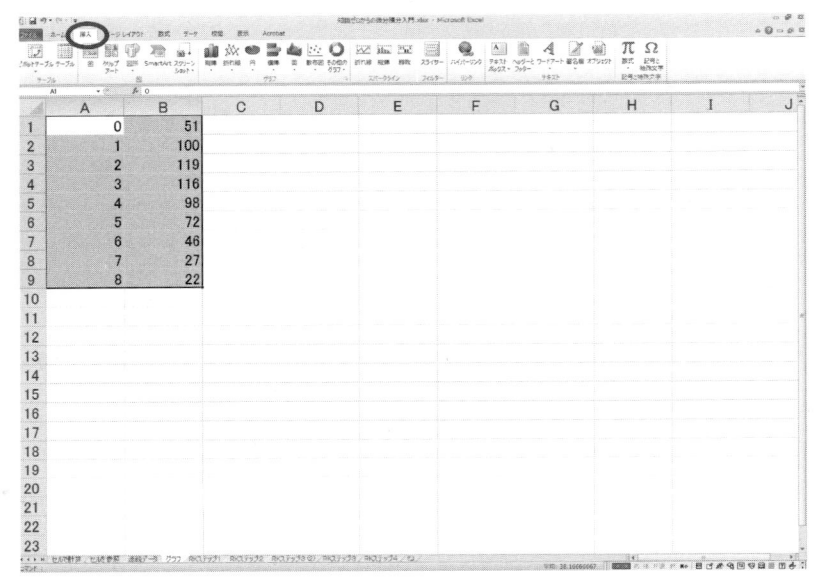

[挿入]タブをクリックする。

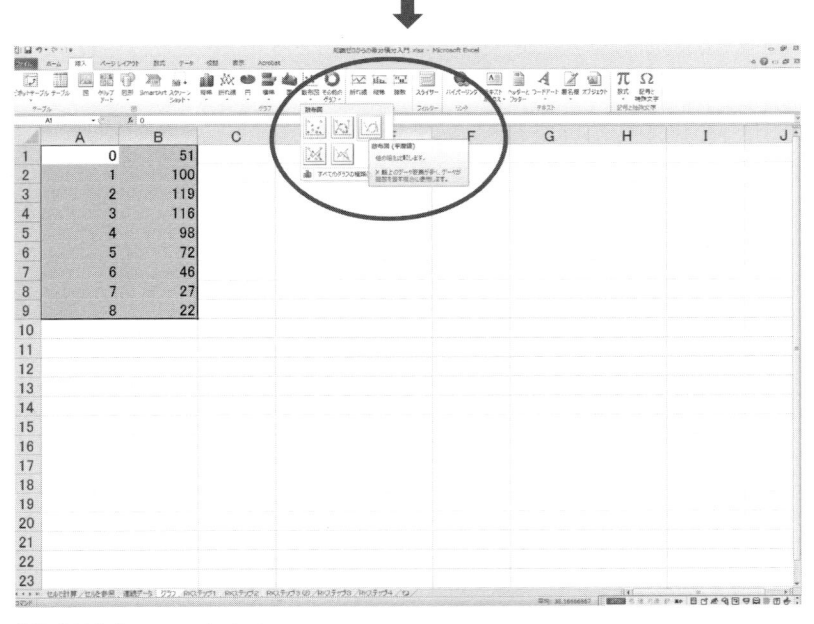

[散布図]をクリックする。

◆178◆

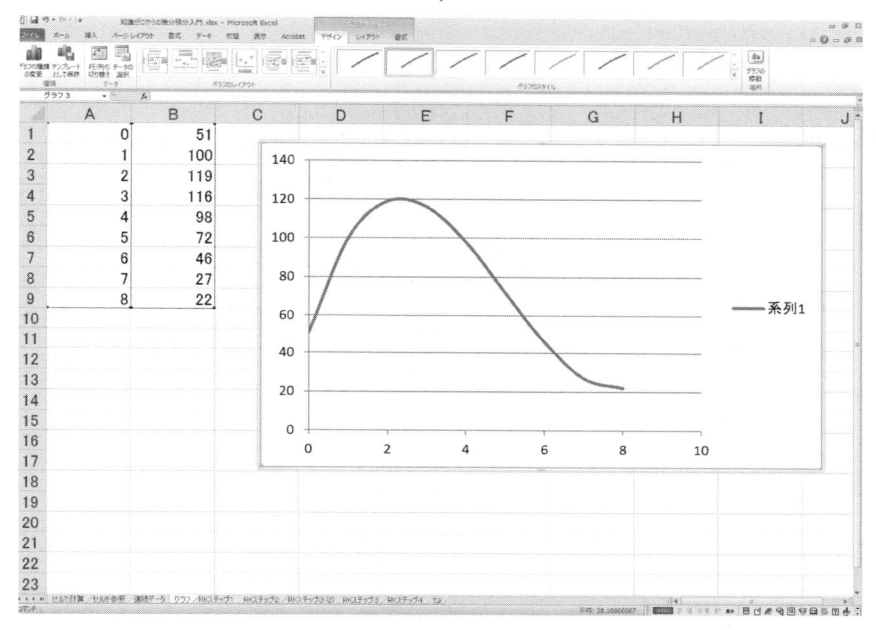

［散布図（平滑線）］をクリックすれば、グラフのできあがり。

Excelを使って微分方程式を解いてみよう！

　ここでは、Excelを使って微分方程式の解を求め、結果をグラフにするところまでの手順を説明しよう。

　154～155ページでは、微分方程式の解を求める仕組みを概観した。解を求める手法にはいろいろあるが、ここでは「ルンゲ-クッタ法」という計算方法を用いる。

★ルンゲ-クッタ法による計算手順

　151ページの人口の増減を表す微分方程式で、$b-d$をaと置き換えた$f'(x) = a \times f(x)$という微分方程式を考えよう。

　まず、パラメータaの値、$x=0$のときの$f(x)$の値$f(0)$（初期条件）、そして変数xの刻み幅を決める。ここでは、

$a=0.3$、初期条件$f(0)=1$、xの刻み幅 $\triangle x=0.1$

とする。ルンゲ－クッタ法では、次のような手順で$f(0)$から$f(0.1)$を、$f(0.1)$から$f(0.2)$を…というように計算していく。

　　(1)　$k_1 = \triangle x \times a \times f(x)$　　を計算する。

　　(2)　$k_2 = \triangle x \times a \times \left\{ f(x) + \dfrac{k_1}{2} \right\}$　　を計算する。

　　(3)　$k_3 = \triangle x \times a \times \left\{ f(x) + \dfrac{k_2}{2} \right\}$　　を計算する。

　　(4)　$k_4 = \triangle x \times a \times \{ f(x) + k_3 \}$　　を計算する。

　　(5)　$f(x + \triangle x) = f(x) + \dfrac{k_1 + 2k_2 + 2k_3 + k_4}{6}$　　を計算する。

　(1)の計算結果を使って(2)を、(2)の計算結果を使って(3)を、(3)の計算結果を使って(4)を、そして(1)～(4)の計算結果を使って(5)を、というように計算タスクを積み重ねる。より具体的には、$a=0.3$、$f(0)=1$、$\triangle x=0.1$として、

　　(1)　$k_1 = 0.1 \times 0.3 \times f(0)$　　を計算する。

　　(2)　$k_2 = 0.1 \times 0.3 \times \left\{ f(0) + \dfrac{k_1}{2} \right\}$　　を計算する。

　　(3)　$k_3 = 0.1 \times 0.3 \times \left\{ f(0) + \dfrac{k_2}{2} \right\}$　　を計算する。

　　(4)　$k_4 = 0.1 \times 0.3 \times \{ f(0) + k_3 \}$　　を計算する。

　　(5)　$f(0+0.1) = f(0) + \dfrac{k_1 + 2k_2 + 2k_3 + k_4}{6}$　　を計算する。

というタスクをこなすと、$f(0)$から$f(0.1)$を求めることができる。

そしてこの計算結果を利用して、xに0.1を、Δxに0.1を、aに0.3を代入して再び**(1)**〜**(5)**のタスクをこなすと、$f(0.2)$が出る。このように、直前のタスクで求めた$f(x+\Delta x)$を次の$f(x)$として、**(1)**〜**(5)**のタスクを繰り返すことにより、$f(0)$から$f(0.1)$、$f(0.2)$、$f(0.3)$、$f(0.4)$…と、芋づる式に計算することができるのである。

　では、実際にExcelでルンゲークッタ法を実行してみよう。

① xの計算範囲と初期条件を入力する

　151ページの例においては、時間（変数x）の値に対する人口（関数$f(x)$）の値を知りたいわけだが、xの値をどこからどこまで考えるかを決める必要がある。ここでは、$x=0$から$x=10$まで計算することにしよう。xの刻み幅を0.1としたので、xの値は0、0.1、0.2、0.3、…、9.8、9.9、10の101個となる。この値の入力は、［A7］に0、［A8］に0.1と入力して［A107］までドラッグしてやれば、一瞬で終わる（176ページの「連続データ」の入力技）。

　初期条件は、$x=0$のとき$f(0)=1$だから、1つ目の座標が$(0, 1)$と決まる。

　ここまでをExcelに入力すると、右のとおりになる。A列にxの値、B〜E列にルンゲークッタ法のk_1〜k_4、F列に関数$f(x)$の値（微分方程式の解）が入る。

以下、1.9、2、2.1、2.2、2.3…と続く。

② ルンゲ−クッタ法の計算式を入力する

次に、ルンゲ−クッタ法の計算式(1)〜(5)を入力してみよう。今、[F7]に$f(0)$の値1が入っている。これを足がかりとして、[F8]に$f(0.1)$、[F9]に$f(0.2)$…というように計算していくわけだ。

$f(0.1)$を計算するために、$x=0.1$に対するk_1〜k_4を[B8]〜[E8]で計算する。そのために入力する必要のある各セルの式は、ルンゲ−クッタ法の手順(1)〜(5)で$\Delta x=0.1$、$a=0.3$とすると、次のとおりである。

セルの番地	一般的な数学での計算式 Excel用の書式に直した計算式	ルンゲ−クッタ法の手順番号
[B8] (k_1)	$=0.1\times 0.3\times f(0)$ =0.1*0.3*F7	(1)
[C8] (k_2)	$=0.1\times 0.3\times \left\{f(0)+\dfrac{k_1}{2}\right\}$ =0.1*0.3*(F7+B8/2)	(2)
[D8] (k_3)	$=0.1\times 0.3\times \left\{f(0)+\dfrac{k_2}{2}\right\}$ =0.1*0.3*(F7+C8/2)	(3)
[E8] (k_4)	$=0.1\times 0.3\times \{f(0)+k_3\}$ =0.1*0.3*(F7+D8)	(4)
[F8] ($f(0+0.1)$)	$=f(0)+\dfrac{k_1+2k_2+2k_3+k_4}{6}$ =F7+(B8+2*C8+2*D8+E8)/6	(5)

[B8]に入力する「F7」は、[F7]に入っている数値($f(0)$のこと)を参照するということだ。

ここまで入力すると、下のようになる。[B8]〜[F8]には、入力した式の計算結果が表示されている。とくに、[F8]を見れば、$f(0.1)$の値が1.0305であることがわかる。

なお、Excelのデフォルトでは、長い小数点以下の数値は、セルの横幅に応じた桁数で四捨五入される設定になっている。下の表も、その点ではデフォルト状態であり、見てのとおり、小数点第4位までの表示となっているが、セルの横幅を広げれば、そこにはより細かい数値が（もしあれば）表示される。

	A	B	C	D	E	F
1	微分方程式 f'(x)=a×f(x)					
2	パラメータ a=0.3					
3	xの刻み幅 Δx=0.1					
4	初期条件 f(0)=1					
5						
6	x	k1	k2	k3	k4	f(x)
7	0					1
8	0.1	0.03	0.0305	0.0305	0.0309	1.0305
9	0.2					
10	0.3					
11	0.4					
12	0.5					
13	0.6					
14	0.7					
15	0.8					
16	0.9					
17	1					
18	1.1					
19	1.2					
20	1.3					
21	1.4					
22	1.5					
23	1.6					
24	1.7					
25	1.8					

③ 解を計算する

$f(0.1)$がわかったので、次は$f(0.2)$である。そのためには$x=0.2$に対する$k_1 \sim k_4$を計算すればよいのだが、では、さらにその次の$f(0.3)$はどうだろうか。もちろん、$x=0.3$に対する$k_1 \sim k_4$を計算すればよい。では、$f(0.4)$は？ これも$x=0.4$に対する$k_1 \sim k_4$を計算すればよい。…というように、同じことの繰り返しである。

ここからがExcelの真骨頂だ。再び、176ページで説明した「連続データ」の入力技を使う。[B8]～[F8]を同時に選択し、[F8]の右下にカーソルを合わせる。マウスポインタが「＋」の形になったら、そのままマウスを真下にドラッグしていくと、$x=0.2$以降の$k_1 \sim k_4$と$f(x)$の値が自動的に計算されていく。こうして、右のような表が得られるのだ。

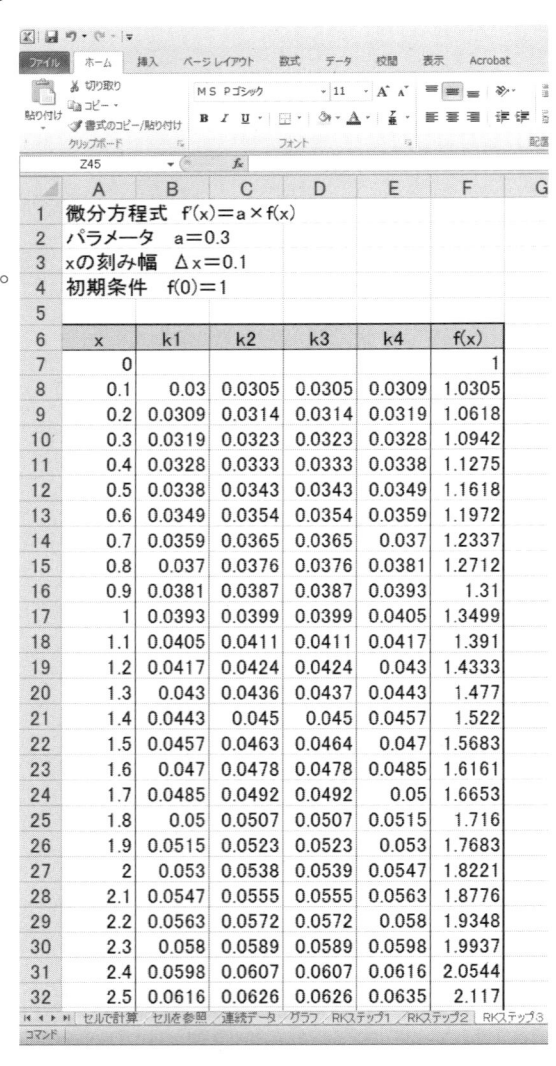

	A	B	C	D	E	F
1	微分方程式	$f'(x)=a \times f(x)$				
2	パラメータ	a=0.3				
3	xの刻み幅	Δx=0.1				
4	初期条件	f(0)=1				
5						
6	x	k1	k2	k3	k4	f(x)
7	0					1
8	0.1	0.03	0.0305	0.0305	0.0309	1.0305
9	0.2	0.0309	0.0314	0.0314	0.0319	1.0618
10	0.3	0.0319	0.0323	0.0323	0.0328	1.0942
11	0.4	0.0328	0.0333	0.0333	0.0338	1.1275
12	0.5	0.0338	0.0343	0.0343	0.0349	1.1618
13	0.6	0.0349	0.0354	0.0354	0.0359	1.1972
14	0.7	0.0359	0.0365	0.0365	0.037	1.2337
15	0.8	0.037	0.0376	0.0376	0.0381	1.2712
16	0.9	0.0381	0.0387	0.0387	0.0393	1.31
17	1	0.0393	0.0399	0.0399	0.0405	1.3499
18	1.1	0.0405	0.0411	0.0411	0.0417	1.391
19	1.2	0.0417	0.0424	0.0424	0.043	1.4333
20	1.3	0.043	0.0436	0.0437	0.0443	1.477
21	1.4	0.0443	0.045	0.045	0.0457	1.522
22	1.5	0.0457	0.0463	0.0464	0.047	1.5683
23	1.6	0.047	0.0478	0.0478	0.0485	1.6161
24	1.7	0.0485	0.0492	0.0492	0.05	1.6653
25	1.8	0.05	0.0507	0.0507	0.0515	1.716
26	1.9	0.0515	0.0523	0.0523	0.053	1.7683
27	2	0.053	0.0538	0.0539	0.0547	1.8221
28	2.1	0.0547	0.0555	0.0555	0.0563	1.8776
29	2.2	0.0563	0.0572	0.0572	0.058	1.9348
30	2.3	0.058	0.0589	0.0589	0.0598	1.9937
31	2.4	0.0598	0.0607	0.0607	0.0616	2.0544
32	2.5	0.0616	0.0626	0.0626	0.0635	2.117

ちなみに、各計算式の先頭、つまりイコール（＝）の前に半角アポストロフィー（'）を入れてやると、各セルに、計算結果ではなく、実際に入力されている計算式をそのまま表示させることができる。ここでの計算でそれをやると、下の図のようになる。

　これをよく見ると、たとえば[B9]〜[F9]においては[F8]が参照されており、同様に、[B10]〜[F10]においては[F9]が参照されていることがわかる。さらには、[C]列の各セルにおいては同じ行の[B]列が参照されており、同様に、[D]列の各セルにおいては同じ行の[C]列が参照されていることがわかる。このことは、行（ヨコ）方向において計算式がルンゲ－クッタ法の手順に合わせて正しく切り替わっていることを、列（タテ）方向において各セルの計算で参照されるべきセルが正しく切り替わっていることを、それぞれ示している。

	A	B	C	D	E	F
1	微分方程式　f(x)＝a×f(x)					
2	パラメータ　a＝0.3					
3	xの刻み幅　Δx＝0.1					
4	初期条件　f(0)＝1					
5						
6	x	k1	k2	k3	k4	f(x)
7	0					1
8	0.1	=0.1*0.3*F7	=0.1*0.3*(F7+B8/2)	=0.1*0.3*(F7+C8/2)	=0.1*0.3*(F7+D8)	=F7+(B8+2*C8+2*D8+E8)/6
9	0.2	=0.1*0.3*F8	=0.1*0.3*(F8+B9/2)	=0.1*0.3*(F8+C9/2)	=0.1*0.3*(F8+D9)	=F8+(B9+2*C9+2*D9+E9)/6
10	0.3	=0.1*0.3*F9	=0.1*0.3*(F9+B10/2)	=0.1*0.3*(F9+C10/2)	=0.1*0.3*(F9+D10)	=F9+(B10+2*C10+2*D10+E10)/6
11	0.4	=0.1*0.3*F10	=0.1*0.3*(F10+B11/2)	=0.1*0.3*(F10+C11/2)	=0.1*0.3*(F10+D11)	=F10+(B11+2*C11+2*D11+E11)/6
12	0.5	=0.1*0.3*F11	=0.1*0.3*(F11+B12/2)	=0.1*0.3*(F11+C12/2)	=0.1*0.3*(F11+D12)	=F11+(B12+2*C12+2*D12+E12)/6
13	0.6	=0.1*0.3*F12	=0.1*0.3*(F12+B13/2)	=0.1*0.3*(F12+C13/2)	=0.1*0.3*(F12+D13)	=F12+(B13+2*C13+2*D13+E13)/6
14	0.7	=0.1*0.3*F13	=0.1*0.3*(F13+B14/2)	=0.1*0.3*(F13+C14/2)	=0.1*0.3*(F13+D14)	=F13+(B14+2*C14+2*D14+E14)/6
15	0.8	=0.1*0.3*F14	=0.1*0.3*(F14+B15/2)	=0.1*0.3*(F14+C15/2)	=0.1*0.3*(F14+D15)	=F14+(B15+2*C15+2*D15+E15)/6
16	0.9	=0.1*0.3*F15	=0.1*0.3*(F15+B16/2)	=0.1*0.3*(F15+C16/2)	=0.1*0.3*(F15+D16)	=F15+(B16+2*C16+2*D16+E16)/6
17	1	=0.1*0.3*F16	=0.1*0.3*(F16+B17/2)	=0.1*0.3*(F16+C17/2)	=0.1*0.3*(F16+D17)	=F16+(B17+2*C17+2*D17+E17)/6

④ グラフをかく

次に、得られた表の数値を使って、グラフをかいてみよう。知りたいのは $f(x)$ の変化であるから、x の値を表示している [A7]〜[A107] と $f(x)$ の値を表示している [F7]〜[F107] の 2 列を同時に選択する（[A7]〜[A107] をドラッグにより選択したら、Ctrl キーを押しながら [F7]〜[F107] をドラッグする）。これにより、101 個の座標を与えたことになる。具体的には、[A7] が 1 個目の点の x 座標を、[F7] が 1 個目の点の y 座標を、[A8] が 2 個目の点の x 座標を、[F8] が 2 個目の点の y 座標を…それぞれ表しているといえる。

x 座標	y 座標	座標 (x, y)	$(0, f(0))$ から数えて何個目の座標？
[A7]	[F7]	(0, 1)	1 個目
[A8]	[F8]	(0.1, 1.0305)	2 個目
[A9]	[F9]	(0.2, 1.0618)	3 個目
[A10]	[F10]	(0.3, 1.0942)	4 個目
[A11]	[F11]	(0.4, 1.1275)	5 個目
[A12]	[F12]	(0.5, 1.1618)	6 個目
[A13]	[F13]	(0.6, 1.1972)	7 個目
[A14]	[F14]	(0.7, 1.2337)	8 個目
[A15]	[F15]	(0.8, 1.2712)	9 個目
[A16]	[F16]	(0.9, 1.31)	10 個目
⋮	⋮	⋮	⋮
[A106]	[F106]	(9.9, 19.492)	100 個目
[A107]	[F107]	(10, 20.086)	101 個目

そして［挿入］タブ→［グラフ］→［散布図］→［散布図（平滑線）］とクリックしていくと、この101個の点をなめらかに結ぶ曲線のグラフを画面に表示してくれる。ここでは、次のようになる。

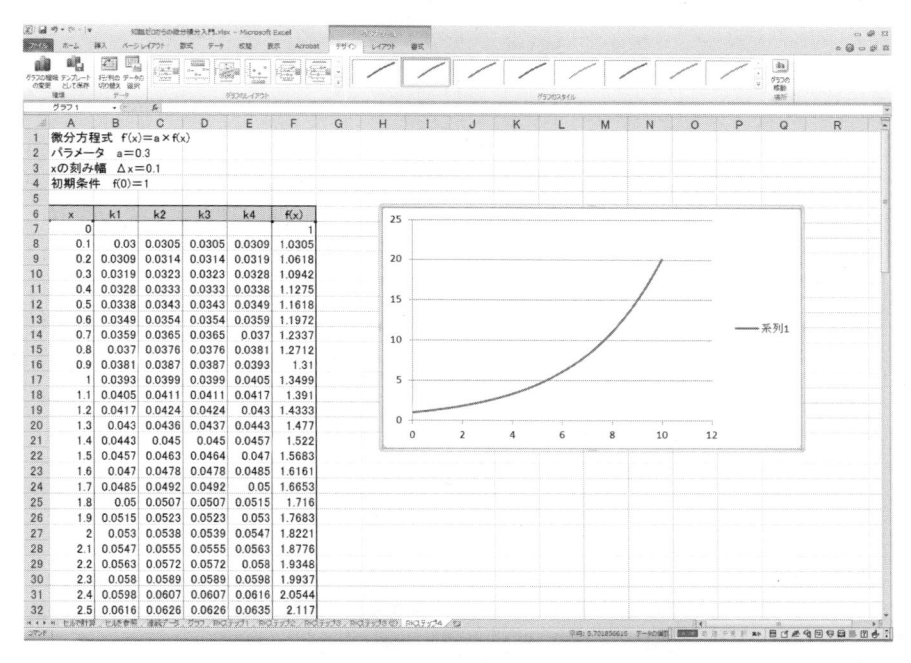

 以上が、微分方程式を解き、結果をグラフにするまでの、Excelの基本的な操作法だ。もちろん、得られた表やグラフは、Excelと同じマイクロソフト社のWordの書類やPowerPointのスライドに貼り付けることができる。微分積分とExcelを使って、見やすくて説得力のある資料をどんどん作成していこう。

さくいん

数字

1次関数……………………………40
1次式………………………………28
1次方程式…………………………28
2次関数……………………………42
2次式………………………………32
2次方程式…………………………32
2次方程式の解の公式……………32
2変数関数…………………………76
2変数関数の最大・最小…………80
4次関数……………………………132
5次関数……………………………135

ア・カ行

アナログ………………………48、94
ウェーバー・フェヒナーの法則…46
階段関数……………………………44
カヴァリエリ………………………112
カヴァリエリの原理………………113
確率…………………………………20
掛け算………………………………17
加減法………………………………31
関数……………………………34、50
関数の最大・最小…………………58
関数の増減…………………………56
期待値………………………………20
極大・極小…………………………59

近似…………………………………94
グラフ………………………………36
グラフが作る面積………………86、101
クロソイド曲線……………………142
限界効用……………………………82
限界効用逓減の法則………………82
交点……………………………39、126
効用…………………………………82
効用関数……………………………117

サ行

最小二乗法……………………94、96
差の積分……………………………111
差の微分……………………………71
座標…………………………………36
三角関数……………………………45
指数関数…………………………46、157
シミュレーション…………………148
瞬間変化率……………………52、54
商の積分……………………………111
商の微分……………………………75
初期値………………………127、129、130
積の積分……………………………111
積の微分……………………………67
積分……………………………93、112
積分の公式…………………………93
接線……………………………52、127
ゼノンの「飛ぶ矢のパラドックス」……49

全体の量……………………………17	微分の公式……………………………54
相加平均………………………………18	微分方程式……………147、151、154
相乗平均………………………………18	複利……………………………………22

タ行

対数関数………………………………46	ブラウン……………………………170
代入法…………………………………31	ブラウン運動………………………170
足し算…………………………………16	フラクタル図形……………………170
単位……………………………………16	ブラック‐ショールズ微分方程式……171
単位あたりの量………………………17	分離量………………48、102、152
単利……………………………………22	平均……………………………………18
調和平均………………………………18	平均変化率……………………………52
デジタル…………………… 48、94	変化率……………………… 50、151
導関数…………………………………54	変数…………… 24、34、36、136
等式……………………………………26	偏微分………………… 78、97、138
等式に関する4つのルール……………28	方程式…………………………………26
	放物線…………………………………42
	放物線の頂点…………………………43

ナ・ハ行

マ・ヤ・ラ・ワ行

ニーダム……………………………170	未知数……………24、26、28、30
ニュートン…………………………112	ライプニッツ………………………112
ニュートン法…125、126、130、140	ルンゲ‐クッタ法……………………179
ニュートン法の公式………………128	連続量…………48、94、102、152
ニュートン法の公式（連立方程式バージョン）……………………………………141	連立微分方程式……………161、162
引き算…………………………………16	連立方程式……………………………30
微分……………………………50、54	和の積分……………………………109
微分係数…………………… 55、56	和の微分………………………………63
微分と積分の関係……………………146	割り算…………………………………17

参考文献

- 『面白いほどよくわかる微分積分』 大上丈彦 (日本文芸社)
- 『経済学で出る数学』 経済セミナー増刊 (日本評論社)
- 『経済学の計算問題がスラスラ解ける「3時間でわかる微分」』 石川秀樹 (早稲田経営出版)
- 『経済・金融のための数学』 藤田康範 (シグマベイスキャピタル)
- 『知って得する仕事に役立つ微分・積分』 伊澤悟 他 (パワー社)
- 『最新 Excelで学ぶ金融市場予測の科学』 保江邦夫 (講談社ブルーバックス)
- 『上手に生きるための数学便利帳』 溝江昌吾 (朝日新聞出版)
- 『人生設計に役立つ数学』 藤本壱 (自由国民社)
- 『図解 ざっくりわかる!「微分・積分」入門』 岡部恒治、長谷川愛美 (青春出版社)
- 『図解入門 よくわかる 微分積分の基本と仕組み』 小林道正 (秀和システム)
- 『道具としての微分方程式』 斎藤恭一 (講談社ブルーバックス)
- 『微積分のはなし』上・下 大村平 (日科技連出版社)
- 『ビジネス数学検定 新しいビジネスのかたち』 日本数学検定協会編 (創成社)
- 『微分・積分がかんたんにマスターできる本』 間地秀三 (明日香出版社)
- 『微分積分がわかる』 中村厚、戸田晃一 (技術評論社)
- 『微分・積分の意味がわかる』 野崎昭弘 他 (ベレ出版)
- 『微分・積分を知らずに経営を語るな』 内山力 (PHP研究所)
- 『微分・積分を楽しむ本(愛蔵版)』 今野紀雄 (PHP研究所)
- 『微分方程式で数学モデルを作ろう』 デヴィッド・バージェス、モラグ・ボリー (日本評論社)
- 『文科系に生かす微積分』 小林道正 (講談社ブルーバックス)
- 『マンガ・微積分入門』 岡部恒治 (講談社ブルーバックス)
- 『よくわかるマンガ微積分教室』 田中一規 (講談社)
- 『Excelで操る! ここまでできる科学技術計算』 神足史人 (丸善出版)
- 『Excelで学ぶ 微分・積分』 涌井良幸、涌井貞美 (ナツメ社)

小林道正（こばやし　みちまさ）

1942年長野県生まれ。京都大学理学部数学科卒、東京教育大学大学院修士課程修了。中央大学経済学部教授。数学教育協議会委員長。楽しく、わかりやすく、生活に役立つ数学教育を自らの本分とする。趣味はクラシック音楽鑑賞、バイオリン演奏。著書は『文科系に生かす微積分』（講談社ブルーバックス）、『「数学的発想」習得法』（実業之日本社）、『数学ぎらいに効くクスリ』（数研出版）、『ブラック・ショールズと確率微分方程式』（朝倉書店）、『図解入門よくわかる　線形代数の基本と仕組み』（秀和システム）、他多数。
数学教育協議会 http://www004.upp.so-net.ne.jp/ozawami/

装幀	石川直美（カメガイ デザイン オフィス）
装画	弘兼憲史
本文漫画・イラスト	小泉知博
本文デザイン	バラスタジオ（高橋秀明）
編集協力	カルチャー・プロ（飯田明　中川克也）
編集	鈴木恵美（幻冬舎）

知識ゼロからの微分積分入門

2011年7月25日　第1刷発行

著　者　小林道正
発行人　見城　徹
編集人　福島広司

発行所　株式会社 幻冬舎
　　　　〒151-0051　東京都渋谷区千駄ヶ谷4-9-7
　　　　電話　03-5411-6211（編集）　03-5411-6222（営業）
　　　　振替　00120-8-767643
印刷・製本所　株式会社 光邦

検印廃止

万一、落丁乱丁のある場合は送料小社負担でお取替致します。小社宛にお送り下さい。
本書の一部あるいは全部を無断で複写複製することは、法律で認められた場合を除き、著作権の侵害となります。
定価はカバーに表示してあります。
©MICHIMASA KOBAYASHI, GENTOSHA 2011
ISBN978-4-344-90227-5 C2041
Printed in Japan
幻冬舎ホームページアドレス　http://www.gentosha.co.jp/
この本に関するご意見・ご感想をメールでお寄せいただく場合は、comment@gentosha.co.jpまで。

芽がでるシリーズ

知識ゼロからの経済学入門
弘兼憲史　高木　勝　定価（本体1300円＋税）
すでに日本経済は、一流ではなくなったのか？　原油価格の高騰、サブプライムローン、中国の未来、国債、為替相場など、ビジネスの武器となる、最先端の経済学をミクロ＆マクロの視点から網羅。

知識ゼロからのマルクス経済学入門
的場昭弘　弘兼憲史　定価（本体1300円＋税）
アメリカ発世界金融危機を19世紀のマルクスは予言していた。格差を生んだのは誰か。会社は誰のものか。なぜ労働者は搾取され、リストラされるのか。マンガと図解で『資本論』がよくわかる。

知識ゼロからのアメリカ経済入門
河村哲二　弘兼憲史　定価（本体1300円＋税）
ドルの神通力は失われたのか？　オバマのグリーン・ニューディールは有効か？　金融、自動車、法律、市場、歴史まで、金融危機以降、大きな変化を遂げるアメリカ、超マネー大国のすべてがわかる！

知識ゼロからのビジネス統計学入門
豊田裕貴　定価（本体1300円＋税）
売れる日、売れない日の違いは？　男女、天気、値上げ・値下げは、どのくらい売上げに影響する？　店舗ごとのばらつきをどう修正する？　ビジネスデータを分析すれば、答えは自ずと出てくる！

知識ゼロからのマーケティング入門
弘兼憲史　前田信弘　定価（本体1300円＋税）
マーケティングの知識は、あらゆる分野のビジネスマンの必須事項。顧客満足、ターゲティング、ブランド戦略、流通・宣伝戦略など、消費者の心を掴むためのデータリサーチと分析方法を解説！

知識ゼロからの経営分析
足立武志　定価（本体1300円＋税）
決算書の読み込み、業績変化の把握、ライバル企業との比較……正しい分析ができれば、会社が進むべき道を導き出せる。会計・経営の基本を網羅する入門書。コジマVSヤマダ電機の実例分析付き。